■ 国家“双高计划”特色教材

热处理实训

主　编　张文莉　王晓东

哈爾濱工程大學出版社
Harbin Engineering University Press

国家“双高计划”特色教材

热处理实训

张文莉　王晓东　主　编

哈尔滨工程大学出版社
Harbin Engineering University Press

内容简介

金属热处理是航空、航天、汽车、机械制造、电力、通信、建筑、家电等装备制造行业不可缺少的重要技术。目前,大多数热处理教材是以系统介绍热处理工艺技术为主线,理论性较强,本书采用理论基础知识与技能强化训练相结合的“理、实一体化教学”模式,简述热处理原理,详述热处理工艺及技能操作,以试样、齿轮、轴、工具等典型零件为载体,学习热处理工艺编制、设备选择及操作、零件质量检验等基本知识和基本技能。本书结构清晰,内容翔实,实例丰富,图文并茂。每个项目分为项目导读、实训目标、实训内容、相关术语与知识、实训设备与材料、实训步骤与方法等结构讲述,便于教师指导学生边学边练,学以致用。

本书可供职业教育材料成形、机械类、数控、模具、焊接等专业教学使用,也适合参加国家职业技能鉴定的相关专业人员学习与参考。

图书在版编目(CIP)数据

热处理实训/张文莉,王晓东主编.—哈尔滨:哈尔滨工程大学出版社,2023.12

ISBN 978-7-5661-4201-6

Ⅰ.①热… Ⅱ.①张… ②王… Ⅲ.①热处理 Ⅳ.①TG15

中国国家版本馆 CIP 数据核字(2024)第 005965 号

热处理实训

RECHULI SHIXUN

选题策划 田 婧
责任编辑 姜 珊
封面设计 李海波

出版发行 哈尔滨工程大学出版社
社　　址 哈尔滨市南岗区南通大街 145 号
邮政编码 150001
发行电话 0451-82519328
传　　真 0451-82519699
经　　销 新华书店
印　　刷 哈尔滨午阳印刷有限公司
开　　本 787 mm×1 092 mm　1/16
印　　张 13.25
字　　数 343 千字
版　　次 2023 年 12 月第 1 版
印　　次 2023 年 12 月第 1 次印刷
书　　号 ISBN 978-7-5661-4201-6
定　　价 49.80 元

http://www.hrbeupress.com
E-mail:heupress@hrbeu.edu.cn

前　言

本书是为了适应高等职业教育的需要，按照教育部高职高专人才培养目标和规格，根据高职高专院校材料类、机械类专业的教学要求，在总结近年来的教学经验并征求相关企业工程技术人员意见的基础上编写而成的。本书在编写上吸收了国内外有关先进的技术成果和生产经验，充实了必要的基础知识和基本操作技能；在项目选择上由浅入深，理论联系实践，内容充实，标准规范，实用性强。为突破专业技术类课程的传统面貌，编者将更多的人文、质量、工匠等元素融入书中，利用信息化手段将之横向拓展，对接国家提倡的“课程思政”的教学要求，也为开展课程的线上线下混合式教学提供素材。

热处理是冶金与机械加工过程中不可缺少的重要环节，完善、合理的热处理工艺不但能优质高效地生产合格的产品，而且能降低生产成本，提高企业的经济效益，具有重要的工业价值和社会意义。

“热处理实训”课程是国家双高建设（有色冶金技术专业群）的重点建设课程之一，其作为职业教育材料类、机械类等专业的技术基础实训课，旨在培养学生掌握零件热处理的基本方法，通过对零件加工工艺、材料选择、毛坯选择、热处理方法选择等内容的学习，掌握零件热处理中工艺参数的确定，设备的操作技能，能够按照国标要求对产品的力学性能和金相组织进行检验。从职业教育的角度出发，本书在基本实训技能的基础上，更加注重实践操作和应用。

本书根据企业的生产实际和岗位群的技能要求以及课程标准，设计了“力学性能检测”；“20、45、T8、T10 钢试样退火、正火、淬火”；“45 钢试样淬火与回火”；“45 钢制齿轮的热处理”；“20CrMnTi 钢制齿轮的热处理”；“38CrMoAlA 钢制镗床主轴的热处理”；“W18Cr4V 钢制拉刀的热处理”；“钢材的火花鉴定”等八个实训项目。根据当前职业教育教学的新形势，以“项目为导向”，实施“任务驱动”，突出教与学、学与练，减少了高深的理论知识，易学易用，增强了教材的适用性和实用性。

本书以活页式的形式装订，以任务驱动的方式引导同学们进行学习，在保障学习者学到符合国家标准的职业知识的同时，还能充分调动学习者的学习主动性，培养他们“实践能力大于知识理论”的正确职业学习观。本书具有以下特点：

1. 创新了教材体例，每个项目通过项目描述、引导语、职业知识、职业能力，让学习者明确学习的目标。每个项目分为职业行动和职业知识，列出本项目需要完成的任务；介绍完成任务所需要的基本知识、设备、工艺及操作技能，便于学习者边学边练，学以致用；在完成实训任务的过程中加强理论知识的理解和应用。

2. 每一项目以不同的视角帮助学习者去认识零件、材料、热处理、性能之间的关系，增加了大量插图、生产视频，解决学习者初学专业，感性认识积累少，对工业生产场景缺乏了解的问题，体现课程的基础性、科普性、趣味性，循序渐进地自然过渡到专业领域。

3. 借助信息技术，配套拓展资源。精彩的课堂教学，仅靠书面教材是不够的，有经验的教师在讲课时会穿插许多与课程内容相关的素材,限于篇幅,以前这些素材对应的无法全部编入纸质教材,现在信息技术可以帮助实现上述需求。每个知识点配有对应的微课,扫描对应的图片可对知识点进行学习。

4. 最新国家标准的引用。全书采用最新国家标准,按照标准对产品的力学性能、金相组织进行检验。

《热处理实训》可供职业教育材料成形、机械类、数控、模具、焊接等专业教学使用,也适合参加国家职业技能鉴定的相关专业人员学习与参考。

本书由昆明冶金高等专科学校张文莉、王晓东担任主编,昆明冶金高等专科学校刘捷、胡新担任副主编。项目 3、项目 4、项目 5 由张文莉编写;项目 2、项目 6、项目 7 由王晓东编写;项目 1 由刘捷、胡新编写;项目 8 由蔡川雄编写。全书由张文莉、王晓东整理定稿,实训视频由陈新苗参与录制;云南 CY 集团有限公司、浙江和兴精冲有限公司、温州嘉利特热处理有限公司等企业给予了大量的支持,同时本书在编写过程中引用了大量文献资料,也向各位作者、出版社致以诚挚的谢意。本书包括微课、动画、生产视频 100 余个,扫描下方二维码下载并安装 launcher_new_kmyj1013. apk,即可扫描并学习书中所提供的视频及动画资源。

由于编者水平有限,书中难免有不妥之处,恳请广大读者批评指正。

编　者

2023 年 7 月

目　录

项目一　力学性能检测实训

项目描述

根据国家标准，对金属材料及热处理后的零件进行强度、塑性、韧性指标的测试；根据不同材料不同热处理后的零件合理选择硬度计，进行布氏硬度、洛氏硬度、维氏硬度的测试。

引导语

《辞海》对“标准”的定义为：衡量事物的准则。标准化工作是国家、部门、地域、行业和企业对自己的工业产品参与国际贸易和市场竞争的筹码，是热处理可持续发展的必由之路。标准化是保证产品质量、生产安全，保护生态环境，使国家和社会实现科学发展的关键步骤。检测只有在标准的指导下才有意义。

职业知识

1. 知晓应力、应变的概念，了解应力-应变曲线
2. 理解金属力学性能的基本概念及其指标
3. 认识拉伸曲线图，掌握塑性弹性、塑性、强度的衡量指标及其意义
4. 掌握冲击韧度的衡量指标及其意义
5. 掌握常用硬度的测试方法及适用范围

职业能力

1. 能够使用游标卡尺测量拉伸试样的原始尺寸
2. 能够使用液压万能试验机进行拉伸试验操作
3. 能够根据拉伸试验的数据进行低碳钢强度、塑性指标的计算
4. 能够使用液压万能试验机进行压缩试验操作，完成灰铸铁抗压强度指标的计算
5. 能够使用冲击试验机进行冲击试验并进行冲击韧性指标的计算
6. 能够使用布氏硬度计、洛氏硬度计、维氏硬度计进行硬度测量
7. 自觉遵守国家标准和要求，规范测量强度、塑性、韧性硬度指标，保持试验环境“5S”，养成耐心细致的好习惯

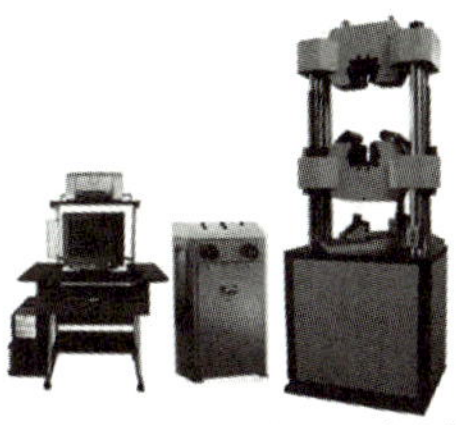

图 1-1　扫描观看力学性能测试微课视频

任务 1 Q235、灰口铸铁强度、塑性指标测试强度、塑性指标的测试

根据《金属材料拉伸试验 第 1 部分：室温试验方法》（GB/T 228.1—2021）进行 Q235、灰口铸铁强度、塑性指标测试强度、塑性指标的测试。

载体

试验载体如图 1-2 所示。

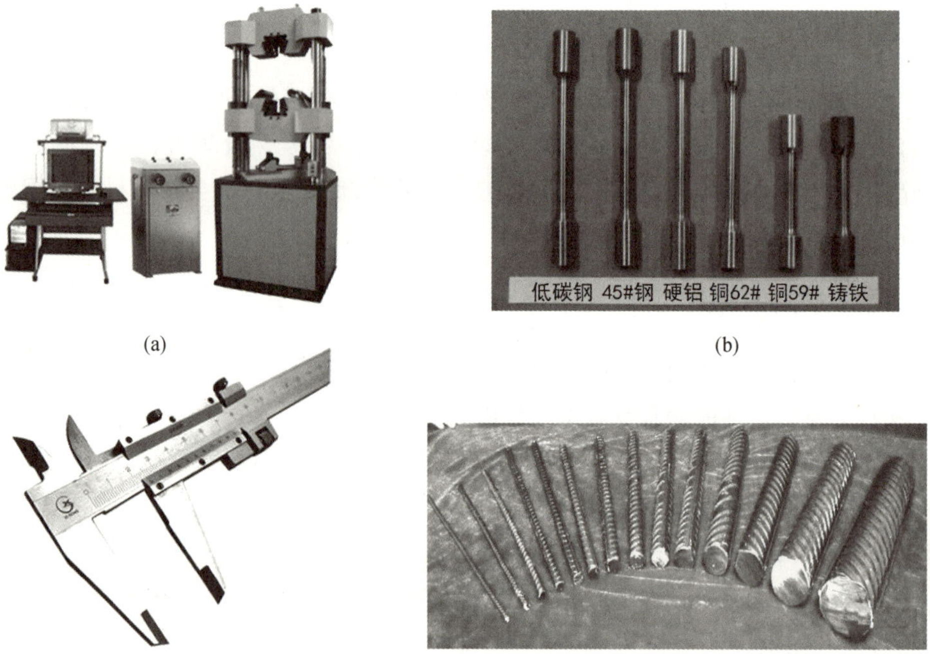

(a) (b) (c) (d)

图 1-2 试验载体

职业行动

步骤 1：应力、应变的概念

应力：

应变：

图 1-3 扫描观看国产大飞机用铝材自主研制思政微课视频

评价

☆☆☆☆☆

步骤 2:在应力、应变曲线(拉伸曲线)中指出最大力(F_m)、上屈服点、下屈服点(图 1-4)

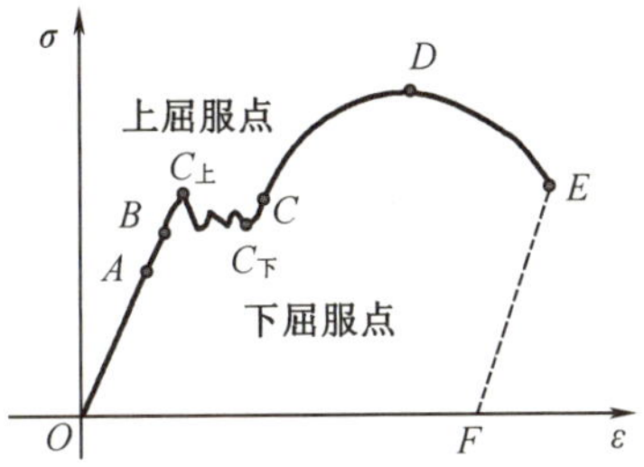

图 1-4　应力-应变曲线

评价

☆☆☆☆☆

步骤 3:写出拉伸曲线的四个阶段(图 1-5)

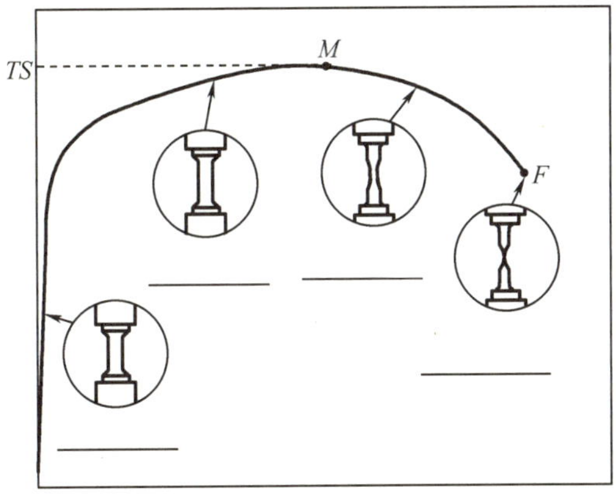

图 1-5　拉伸曲线

评价

☆☆☆☆☆

步骤 4:写出弹性、塑性、强度指标的相关定义及计算公式

弹性极限:

屈服强度:

上屈服强度:

下屈服强度：

抗拉强度：

断后伸长率(A)：

断面收缩率(Z)：

评价

☆☆☆☆☆

步骤5：根据《钢及钢产品力学性能取样位置及试样制备》(GB/T 2975—2018)填写长试样和短试样的尺寸

评价

☆☆☆☆☆

步骤6：用游标卡尺对试样原始尺寸进行测量(表1-1)

表1-1　试样原始尺寸测量

<table>
<tr><th rowspan="4">材料名称</th><th colspan="11">试验前</th><th colspan="3">试验后</th></tr>
<tr><th rowspan="3">标距 L_0/mm</th><th colspan="9">直径 d_0/mm</th><th rowspan="3">最小截面积 A_0/mm^2</th><th rowspan="3">标距 L_u/mm</th><th rowspan="3">颈缩处直径 d_u/mm</th><th rowspan="3">颈缩处截面积 S_u/mm^2</th></tr>
<tr><th colspan="3">1</th><th colspan="3">2</th><th colspan="3">3</th></tr>
<tr><th>①</th><th>②</th><th>平均</th><th>①</th><th>②</th><th>平均</th><th>①</th><th>②</th><th>平均</th></tr>
<tr><td></td><td></td><td></td><td></td><td></td><td></td><td></td><td></td><td></td><td></td><td></td><td></td><td></td><td></td><td></td></tr>
<tr><td></td><td></td><td></td><td></td><td></td><td></td><td></td><td></td><td></td><td></td><td></td><td></td><td></td><td></td><td></td></tr>
<tr><td></td><td></td><td></td><td></td><td></td><td></td><td></td><td></td><td></td><td></td><td></td><td></td><td></td><td></td><td></td></tr>
<tr><td></td><td></td><td></td><td></td><td></td><td></td><td></td><td></td><td></td><td></td><td></td><td></td><td></td><td></td><td></td></tr>
</table>

评价

☆☆☆☆☆

步骤7：了解万能试验机的结构和原理

填写万能试验机图片(图1-6)：

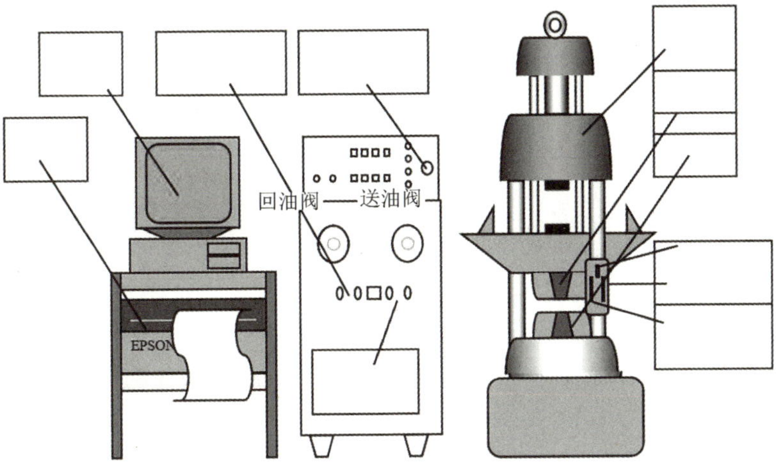

图 1-6　万能试验机图片

评价

☆☆☆☆☆

步骤 8:完成万能试验机液压操作,填写操作步骤

①

②

③

④

⑤

⑥

评价

☆☆☆☆☆

步骤 9:完成万能试验机微机操作,填写操作步骤

①

②

③

④

⑤

⑥

评价

☆☆☆☆☆

步骤 10:根据拉伸试样的数据进行低碳钢强度、塑性指标的计算(表 1-2、表 1-3)

表 1-2　载荷计算

材料	屈服载荷 F_{eL}/N	最大载荷 F_m/N
低碳钢		
灰口铸铁		

表 1-3　指标计算

材料	强度指标		塑性指标	
	屈服极限 R_{eL}/MPa	强度极限 R_m/MPa	断后伸长率 A	断面收缩率 Z
低碳钢				
灰口铸铁				

评价

☆☆☆☆☆

职业知识

知识 1:应力、应变概念

应力:应力是作用在单位面积上的力,用 N/mm^2 表示,在米制单位中,用千帕(kPa)或兆帕(mPa)表示。应力示意图如图 1-7 所示。

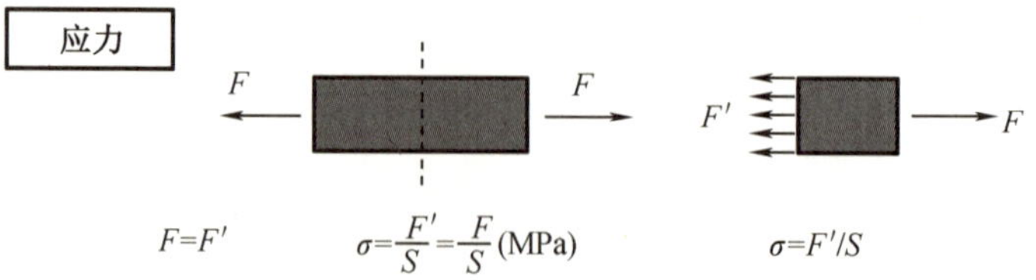

图 1-7　应力示意图

应变:是被测试材料尺寸的变化率,它是加载后应力引起的尺寸变化。由于应变是一个变化率,所以它没有单位。应变示意图如图 1-8 所示。

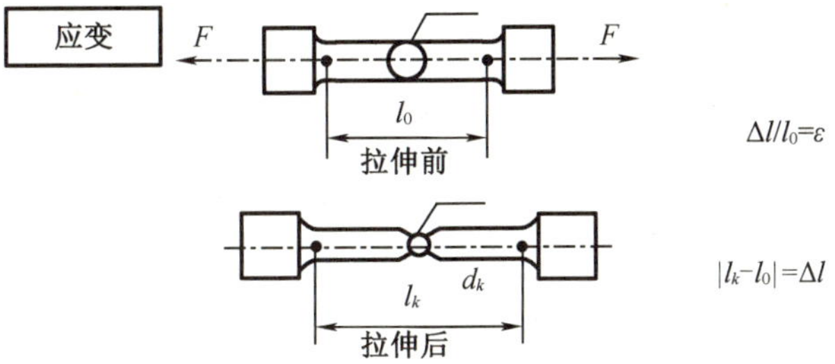

图 1-8　应变示意图

知识 2:应力-应变曲线

将应变作横坐标,应力作纵坐标,得到的曲线为应力-应变曲线。曲线的形状反映材料在外力作用下发生的脆性、塑性、屈服、断裂等各种形变过程。它与载荷-变形曲线外形相似,但是坐标不同。应力-应变曲线图如图 1-9 所示。

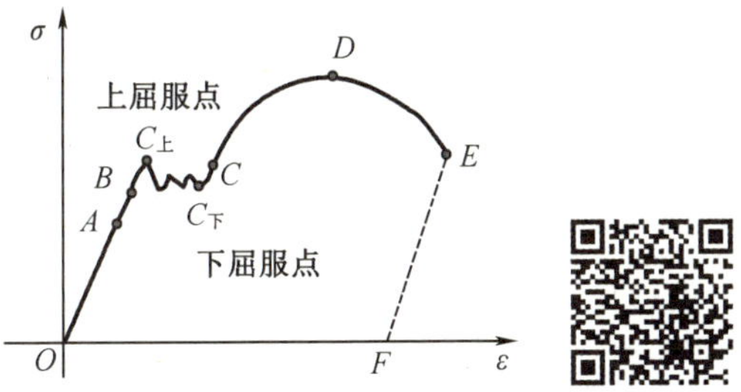

图 1-9　应力-应变曲线图(扫描观看应力应变微课视频)

知识 3:拉伸试验

在低碳钢的拉伸试验中可以看到,随着外力的增加,试样的尺寸发生了变化。力 F 与变形 ΔL 的关系曲线称为拉伸曲线,通过拉伸曲线可以看到在拉伸试验的不同阶段,力与变形的关系是不同的。图 1-10 为低碳钢的拉伸曲线图。

拉伸曲线中有四个重要的点:

e——弹性极限点;

s——屈服点;

b——极限载荷点;(缩颈点)

k——断裂点。

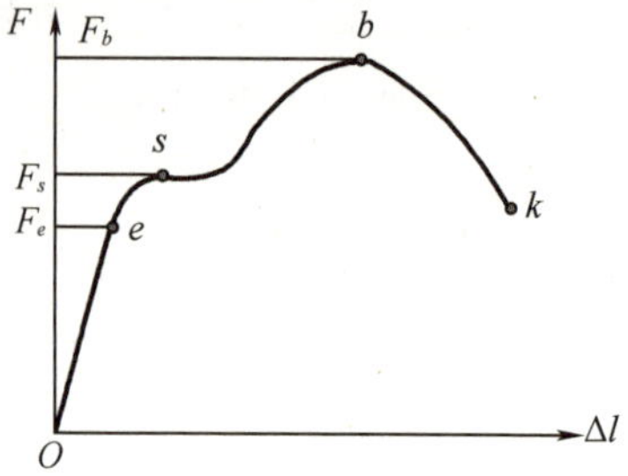

图 1-10　低碳钢的拉伸曲线图

这四个点把拉伸曲线分为四个阶段：

(1)弹性变形阶段；

(2)屈服变形阶段；

(3)强化阶段；

(4)缩颈阶段。

弹性阶段

金属材料在弹性变形阶段，其应力和应变成正比例关系，符合胡克定律，即 $\sigma = E \cdot \varepsilon$，其比例系数 E 称为弹性模量。

弹性极限 σ_P 与比例极限 σ_E 非常接近，工程实际中近似地用比例极限代替弹性极限。弹性阶段如图 1-11 所示。

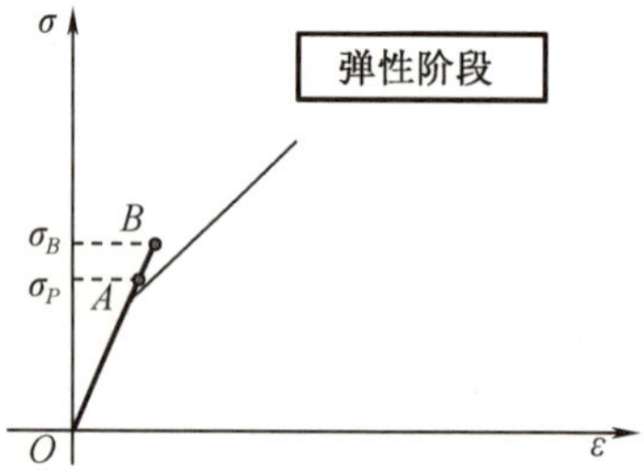

图 1-11　弹性阶段

屈服阶段

屈服强度：当金属材料呈现屈服现象时，在试验期间达到塑性变形发生而力不增加的应力点的应力值，应区分上屈服强度和下屈服强度。通常把下屈服点对应的应力值称为屈服强度。屈服阶段如图 1-12 所示。

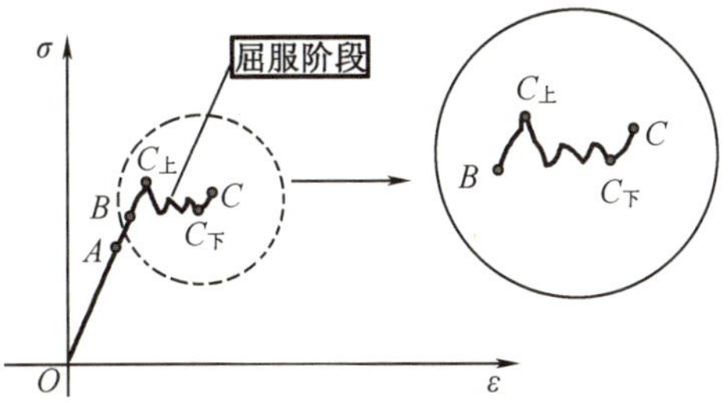

图 1-12　屈服阶段

强化阶段

经过屈服阶段后,曲线从 C 点又开始逐渐上升,说明要使应变增加,必须增加应力,材料又恢复了抵抗变形的能力,这种现象称作强化,CE 段称为强化阶段(加工硬化)(图 1-13)。

曲线最高点所对应的应力值记作 E,称为材料的抗拉强度(或强度极限),它是衡量材料强度的又一个重要指标。强度极限是材料在整个拉伸过程中所能承受的最大拉力。

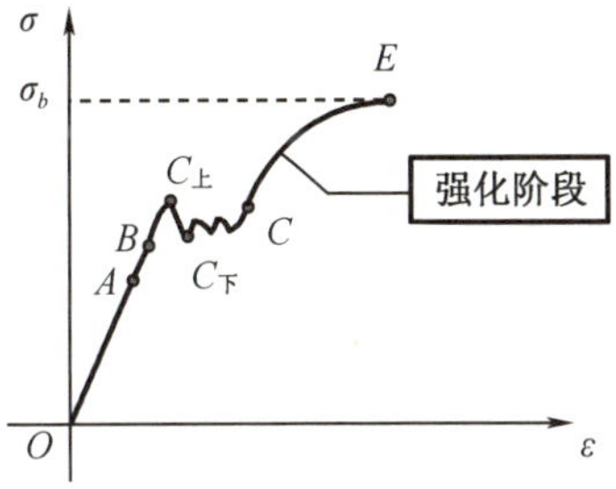

图 1-13　强化阶段

缩颈阶段

如图 1-14 所示,曲线到达 E 点,在试件比较薄弱的某一局部(材质不均匀或有缺陷处),变形显著增加,有效横截面急剧减小,出现了缩颈现象。此后,试件的轴向变形主要集中在缩颈处,试件最后在缩颈处被拉断。

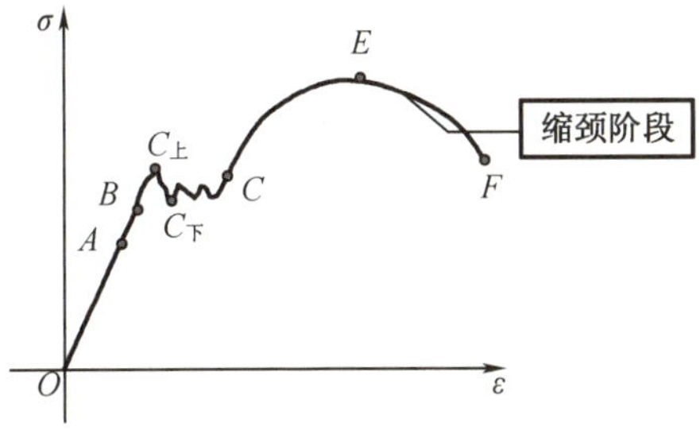

图 1-14　缩颈阶段

常见钢种的拉伸曲线如图 1-15 所示。

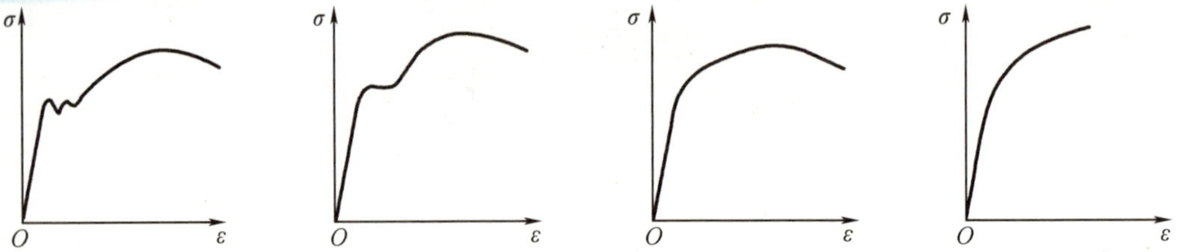

图 1-15　常见钢种的拉伸曲线

图 1-15(a)是低碳钢的应力-应变曲线,它有锯齿状的屈服阶段,分上下屈服,均匀塑性变形后产生缩颈,然后试样断裂。

图 1-15(b)是中碳钢的应力-应变曲线,它有屈服阶段,但波动微小,几乎成一条直线,均匀塑性变形后产生缩颈,然后试样断裂。

图 1-15(c)是淬火后低、中温回火钢的应力-应变曲线,它无可见的屈服阶段,均匀塑性变形后产生缩颈,然后试样断裂。

图 1-15(d)是铸铁、淬火钢等较脆材料的应力-应变曲线,它不仅无屈服阶段,而且在产生少量均匀塑性变形后就突然断裂。

知识 4:材料的力学性能指标

断后伸长率(A):是断后标距的残余伸长(L_u-L_0)与原始标距(L_0)之比的百分率。

断面收缩率(Z):断裂后试样横截面积的最大缩减量(S_0-S_u)与原始横截面积(S_0)之比的百分率。

最大力(F_m):试样在屈服阶段之后所能抵抗的最大力。

屈服强度:当金属材料呈现屈服现象时,在试验期间达到塑性变形发生而力不增加的应力点的应力值。

上屈服强度:试样发生屈服而力首次下降前的最高应力。

下屈服强度:在屈服期间,不计初始瞬时效应时的最低应力。

知识 5:《钢及钢产品力学性能取样位置及试样制备》(GB/T 2975—2018)

拉伸试样的一般形状和尺寸符号如图 1-16、图 1-17 所示。

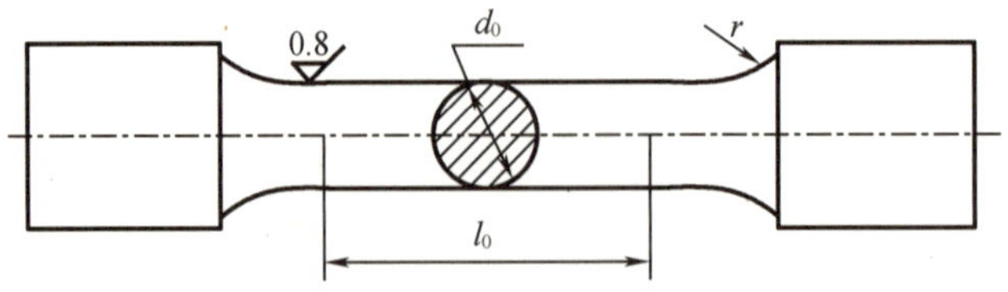

图 1-16　圆形横截面拉伸试样的形状和尺寸符号

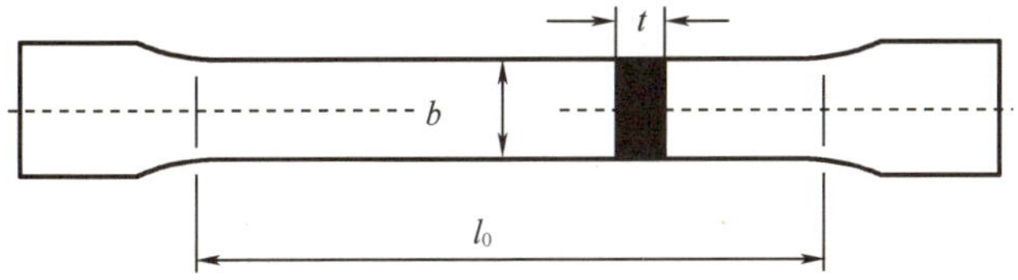

图 1-17　矩形横截面拉伸试样的形状和尺寸符号

需要加工制样：压制坯、铸锭、无恒定截面的产品。

不需加工制样：有恒定横截面的型材、棒材、线材、铸造试样。

横截面的形状：圆形、矩形、多边形、环形、其他形状；

原始直径 d_0(mm)：3、5、6、8、10、15、20、25，优先采用 5、10、20。

原始标距 $L_0 \geqslant 15$ mm，短试样(优先)$L_0 = 5d_0$，长试样 $L_0 = 10d_0$。

矩形截面比例试样：$l_0 = K\sqrt{A_0}$(短比例试样：$K=5.65$；长比例试样：$K=11.3$)。

非比例试样：L_0 与 $S_0 1/2$ 无关。

知识 6：万能试验机结构和原理

万能试验机是用来针对各种材料进行仪器设备静载、拉伸、压缩、弯曲、剪切、撕裂、剥离等力学性能试验用的机械加力的试验机。夹持装置用于对不同形状、尺寸和材质的试样进行试验。引伸计用于测定微小塑性变形的长度测量仪。

设备标准：《电子万能试验机》(GB/T 16491—2022)

电子万能试验机：《静力单轴试验机的检验 第 1 部分：拉力和压力试验机测力系统的检验与校准》(GB/T 16825.1—2018)、《静力单轴试验机的检验 第 2 部分：拉力蠕变试验机 施加力的检验》(GB/T 16825.2—2018)

引伸计：《单轴试验用引伸计的标定》(GB/T 12160—2019)

本实训采用 WEW-300D 微机屏显液压万能试验机(图 1-18)。

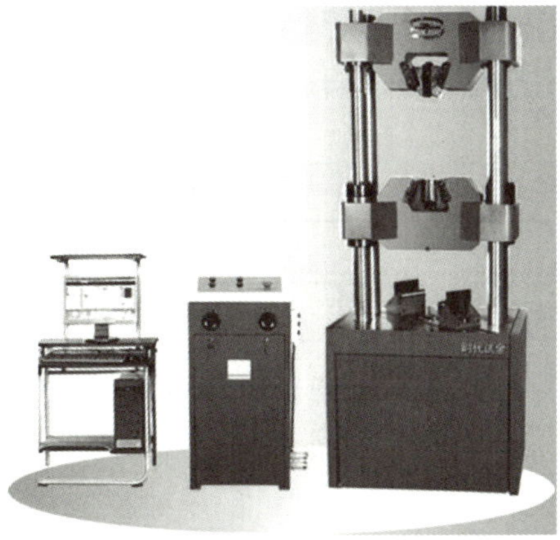

图 1-18　WEW-300D 微机屏显液压万能试验机(扫描观看拉伸试验微课视频)

万能试验机组成:测试系统、加载机构、夹样机构、记录机构。

测试系统主要由输入、放大、转换、处理、显示、输出构成。输入部分用来感知被测量的变化形成输入信号。放大部分将信号放大提供必要的启动电压。转换部分将模拟量转换成处理器能够识别的二进制数字量,送给处理器进行计算、存储。显示与输出部分用来显示测试信号、打印测试结果。测试系统与加载机构如图 1-19 所示。

微机自动测试系统(图 1-20)是在传统机械性能测试方法的基础上逐渐发展、完善的,是电子技术与基础物理知识的综合应用。该测试系统用位移传感器和力传感器取代了老式万能试验机用线传动和测力油缸来反映试件的变形与受力大小的方法,用计算机代替了人工计算,并用显示器、打印机取代了示力盘和绘图仪。工作原理如图 1-21 所示。

当试件受力发生变形时,力和位移传感器将力与位移(变形)信号输入放大器,放大器将信号放大,以达到 A/D 转换和计算机能够工作的最低启动电压,使其进入工作状态。由于力与位移信号是连续变化的模拟量,而计算机只能识别非连续变化的二进制数字量,因此,信号在进入计算机之前必须经 A/D 转换将模拟量信号转换成二进制数字量。转换后计算机以二进制数的形式存储、计算、描绘曲线等,并以十进制的形式反映在显示器上。试验结束后,计算机根据程序的指令将计算结果与试验曲线打印输出。

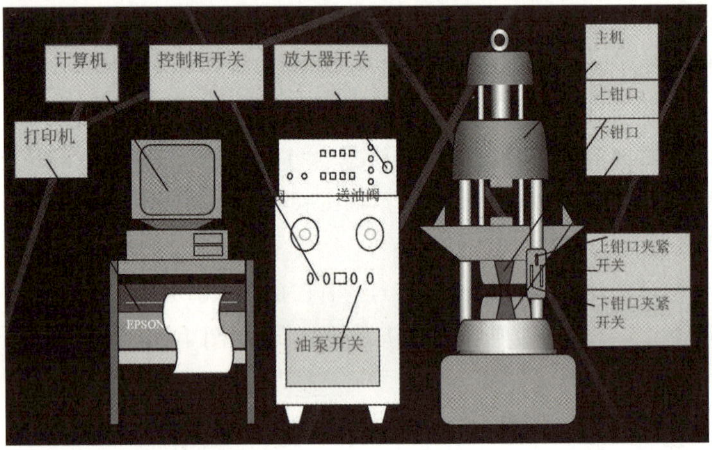

图 1-19　测试系统与加载机构图(扫描观看液压式万能试验机结构及使用微课视频)

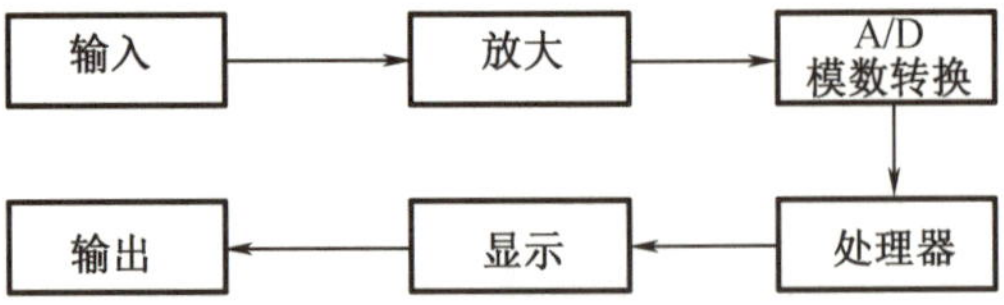

图 1-20　微机自动测试系统构成框图

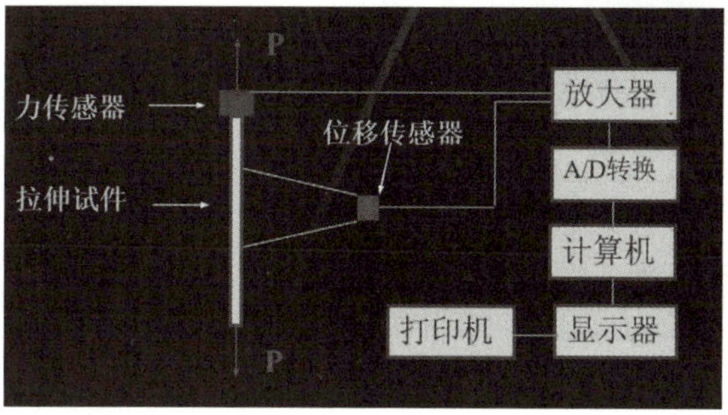

图 1-21　万能试验机工作原理图(扫描观看液压式万能试验机实训微课视频)

知识 7:液压部分操作

试验机准备

熟悉万能试验机的操作规程，打开计算机进入 WinWew 操作界面,按油源控制柜“电源开”按钮,指示灯亮,按“油泵开”按钮,启动油泵,预热 30 分钟,逆时针旋转送油阀手轮,使工作台上升 10 mm,顺时针旋转送油阀手轮关闭送油阀。

试件安装

将试样的一端夹持于上钳口中,将横梁钳口升降至适当的高度,调整零点,将试样另一端夹持于下钳口中。

进行试验

缓慢拧开送油阀进行加荷试验,试样断裂后关闭送油阀,取下断裂试样。

处理并保存试验结果,退出 WinWew 软件,关闭计算机。

结束试验

打开回油阀,工作台落到初始位置,按“油泵关”按钮,停止油泵工作,按“电源关”,关闭电源。

关闭试验机,取下试件,将断裂的试件对齐并尽量靠紧,用游标卡尺测量断裂后标距段的长度 l_1 及断口处直径 d_1。

知识 8:微机部分操作

微机系统:采用微机(包括:主机、17 英寸彩显、标准键盘鼠标、大容量硬盘)作为主机,完成整机试验的设定、数据采集、运算处理、显示打印试验结果等功能;配有试验机专用 KQL-PowerTest 2001 中文版智能化测试软件包,可根据国家标准、国际标准或用户提供的标准测量和判断试验材料的各种性能参数,并对数据进行统计和处理,然后输出各种要求格式的试验报告和曲线图样。万能试验机微机系统中金属拉伸试样报告如图 1-22 所示。

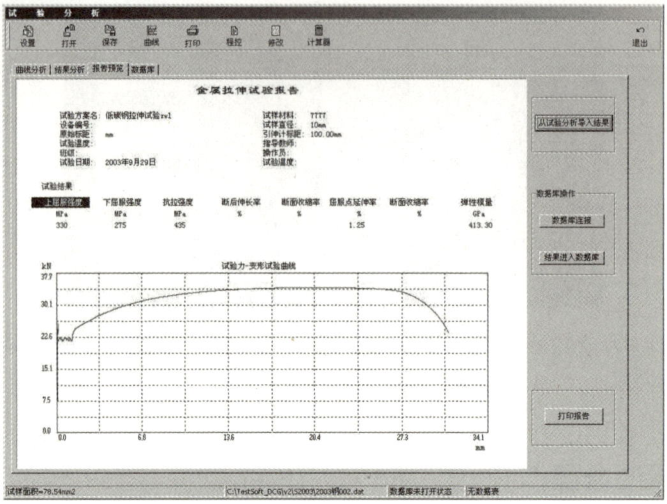

图 1-22　万能试验机微机系统中金属拉伸试样报告

（扫描观看液压式万能试验机微机操作实训微课视频）

微机部分步骤：

(1)测量原始数据,安装试件；

(2)选择试验方法,输入试验信息；

(3)选择加载速度；

(4)进入“数据处理”,输入断后数据；

(5)进入“报告预览”,导入试验数据,打印试验报告；

(6)在桌面上点击操作系统快捷按钮,进入试验操作界面。

知识 9:机械性能指标

1. 弹性

弹性模量 E($E=\sigma/\varepsilon$)表征材料抵抗正应变的能力。工程上弹性模量被称为材料的刚度,表征金属材料对弹性变形的抗力,其值越大,则在相同的应力状态下产生的弹性变形量越小。

比弹性模量为弹性模量与密度的比值。

2. 强度

材料强度是指单位面积上所承受的力。

抗拉强度(或强度极限)是指试件断裂前所能承受的最大工程应力,用来表征材料对最大均匀塑性变形的抗力。无明显屈服强度材料的拉伸曲线如图 1-23 所示。

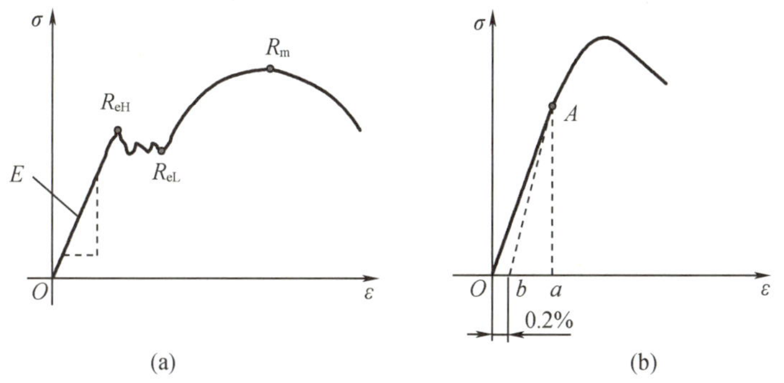

OA—总变形；bA—弹性变形 99.8%，塑性变形 0.2%

（条件屈服强度：RP0.2 表示规定塑性延伸率为 0.2%时对应的应力）

图 1-23　无明显屈服强度材料的拉伸曲线

（扫描图 1-23(b)观看 Q235、灰口铸铁强度、塑性指标测试微课视频）

强度指标计算如下。

上屈服强度：

$$R_{eH}=\frac{F_{eH}}{S_0}$$

下屈服强度：

$$R_{eL}=\frac{F_{eL}}{S_0}$$

强度极限：

$$R_m=\frac{F_m}{S_0}$$

硬钢(高碳钢)强度高，塑性差，拉伸过程无明显屈服阶段，无法直接测定屈服强度，可用条件屈服强度来代替屈服强度。

3. 塑性

金属材料断裂前所产生的塑性变形由均匀塑性变形和集中塑性变形两部分组成。试样拉伸至缩颈前的塑性变形是均匀塑性变形，缩颈后缩颈区的塑性变形是集中塑性变形。

试件拉断后，弹性变形消失，但塑性变形仍被保留下来。工程上用试件拉断后遗留下来的变形表示材料的塑性指标。

常用的塑性指标有两个：

断后延伸率：

$$A=\frac{L_u-L_0}{L_0}\times100\%$$

断面收缩率：

$$Z=\frac{S_0-S_u}{S_0}\times100\%$$

测评

1. 知识测评

请确定关键词,按重要程度进行关键词排序并举例解读。根据自己的判断给关键词赋予权重,满分 100 分(表 1-4)。

表 1-4　Q235、灰口铸铁强度、塑性指标测试知识测评表

序号	关键词	举例解读	评分自定
1			
2			
3			
4			
5			

2. 技能测评

表中所列内容,操作规范即得分,操作错误或未操作即零分(表 1-5)。

表 1-5　Q235、灰口铸铁强度、塑性指标测试技能测评表

序号	技能点	配分	得分
1	使用游标卡尺	20	
2	万能试验机操作	30	
3	强度指标	30	
4	塑性指标	20	
总分		100	

3. 素质测评

表中所列素质点,做到即得分,未做到即零分(表 1-6)。

表 1-6　Q235、灰口铸铁强度、塑性指标测试素质测评表

序号	素质点	配分	得分
1	学习纪律	20	
2	工具使用、摆放	20	
3	严谨认真、一丝不苟的精神	20	
4	互帮互助、团队精神	20	
5	实训环境“5S”	20	
总分		100	

任务 2　低碳钢、灰口铸铁的抗压强度测试

根据《金属压缩试验方法》(GB 7314—2002)进行低碳钢、灰口铸铁的压缩试验,并完成抗压强度指标的计算。

载体

试验载体如图 1-24 所示。

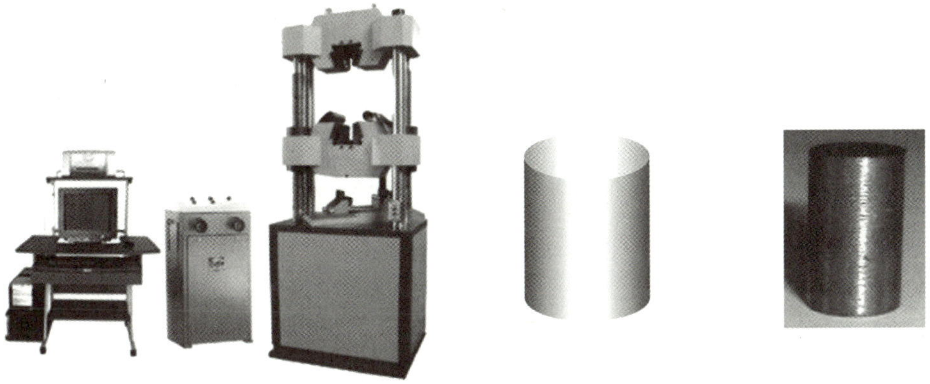

(a)　(b)　(c)

图 1-24　试验载体

职业行动

步骤 1:压缩试验的目的和意义

评价

☆☆☆☆☆

步骤 2:使用游标卡尺进行试验原始尺寸的测试(表 1-7)

表 1-7　试验原始尺寸测试

材料	低碳钢	铸铁
直径	$D=$________ mm	$D=$________ mm
截面积	$A_0=$________ mm^2	$A_0=$________ mm^2
高度	$h=$________ mm	$h=$________ mm

评价

☆☆☆☆☆

步骤 3:写出使用液压式万能试验机进行压缩试验的步骤

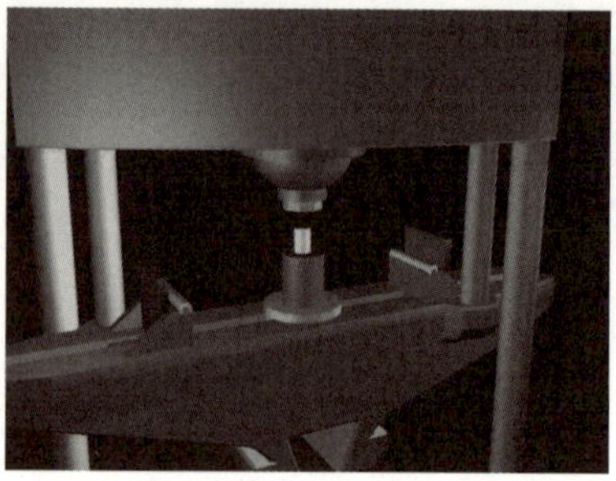

图 1-25　扫描观看压缩试验实训微课视频

评价

☆☆☆☆☆

步骤 4：写出低碳钢下屈服强度、灰口铸铁抗压强度的计算公式

低碳钢的下屈服强度（或屈服极限 σ_s）指标：

$$R_{eL}=$$

铸铁的抗压强度指标：

$$R_m=$$

评价

☆☆☆☆☆

步骤 5：下屈服强度、抗压强度的计算（表 1-8）

表 1-8　下屈服强度、抗压强度的计算

材料	低碳钢	铸铁
屈服载荷	$P_s=$________ kN	无
最大载荷	无	$P_b=$________ kN
屈服强度	$s_s=$________ MPa	无
抗压强度	无	$s_b=$________ MPa

评价

☆☆☆☆☆

步骤 6：绘制 $P-\Delta l$ 曲线和试件断口形状简图（表 1-9）

表 1-9　$P-\Delta l$ 曲线和试件断口形状简图

材料	低碳钢	铸铁
$P-\Delta l$ 曲线	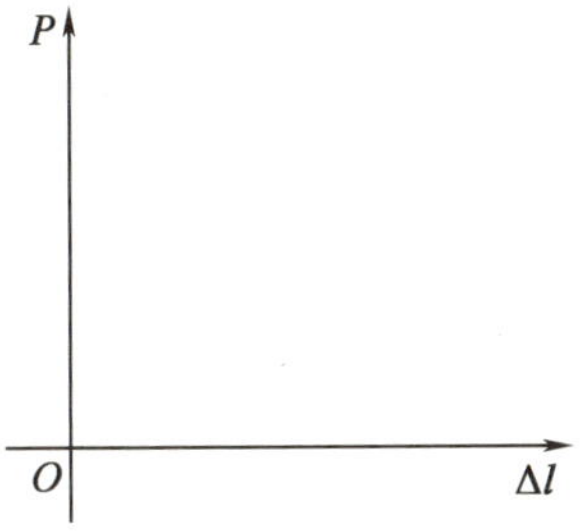	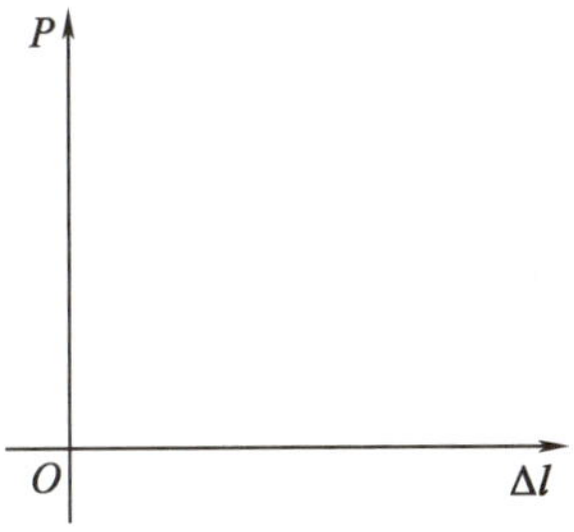
压缩试件断口形状简图		

评价

☆☆☆☆☆

思考题

1. 为什么铸铁试样压缩时，破坏面常发生在与轴线大致成 45°～55°的方向上？

2. 塑性材料和脆性材料在压缩时的变形及破坏形式有什么不同？

3. 将低碳钢压缩时的屈服强度与拉伸时的屈服强度进行比较；将铸铁压缩时的抗压强度与拉伸时的抗拉强度进行比较。它们分别有什么区别？

4. 圆柱状低碳钢试样被压缩成饼状而不破碎，而圆柱状铸铁试样被压破裂面常发生在与轴线大致成 45°～55°的方向上，二者的变形特征与破坏形式为什么不同？

5. 为什么低碳钢压缩时测不出强度极限？

6. 铸铁压缩时沿大约 45°斜截面破坏，拉伸时沿横截面破坏，这种现象说明了什么？

职业知识

知识 1：压缩试验

压缩试验是测定材料在轴向静压力作用下的力学性能的试验，是材料机械性能试验的基本方法之一。该试验主要用于测定金属材料在室温下单向压缩的屈服点和脆性材料的抗压强度。

压缩性能是指材料在压应力作用下抗变形和抗破坏的能力。

工程实际中有很多承受压缩载荷的构件，如大型厂房的立柱、起重机的支架、轧钢机的压紧螺栓等。这就需要对其原材料进行压缩试验评定。

知识2：压缩试样

压缩试样通常为柱状，横截面有圆形和方形两种。

试样受压时，两端面与试验机压头间的摩擦力会约束试样的横向变形，且试样越短，影响越大；但试样太长容易产生纵向弯曲而失稳。

对于低碳钢和铸铁类金属材料，按照《金属压缩试验方法》（GB 7314—2002）的规定，金属材料的压缩试样多采用圆柱体，如图1-26所示。试样的长度 L 一般为直径 d 的2.5~3.5倍，其直径 d=10~20 mm。圆柱体试样如图1-27所示，一般规定为 $1\leqslant h/d\leqslant 3$。也可采用正方形柱体试样，如图1-28所示。要求试样端面尽量光滑，以减小摩阻力对横向变形的影响。

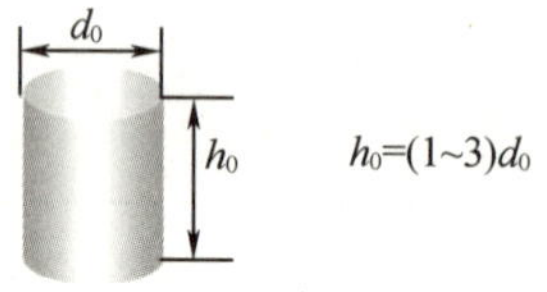

图1-26　压缩试样

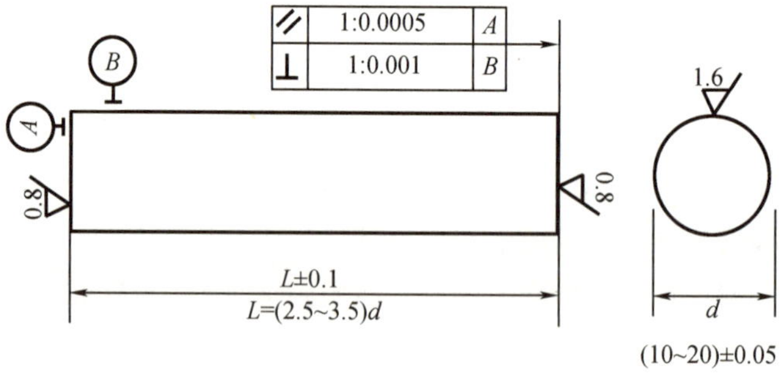

图1-27　圆柱体试样

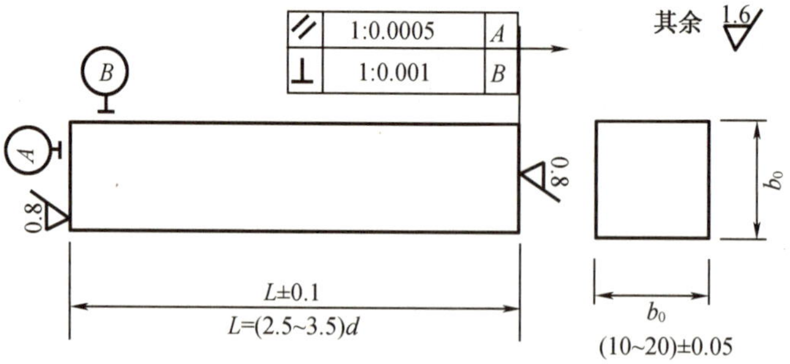

图1-28　正方形柱体试样

知识 3：压缩屈服强度

压缩屈服强度：当金属材料呈现屈服现象时，试样在试验过程中达到力不再增加而继续变形时所对应的压缩应力。

上压缩屈服强度：试样发生屈服而力首次下降前的最高压缩应力。

下压缩屈服强度：屈服期间不计瞬时效应时的最低压缩应力。

抗拉强度：对于脆性材料，试样压至破坏过程中的最大压缩应力。

压缩弹性模量：试验过程中，轴向压应力与轴向应变呈线性比例关系范围内的轴向压应力与轴向应变的比值。

知识 4：低碳钢压缩曲线

低碳钢试样装在试验机上，受到轴向压力 F 作用，试样产生变形量 ΔL，两者之间的关系如图 1-29 所示。

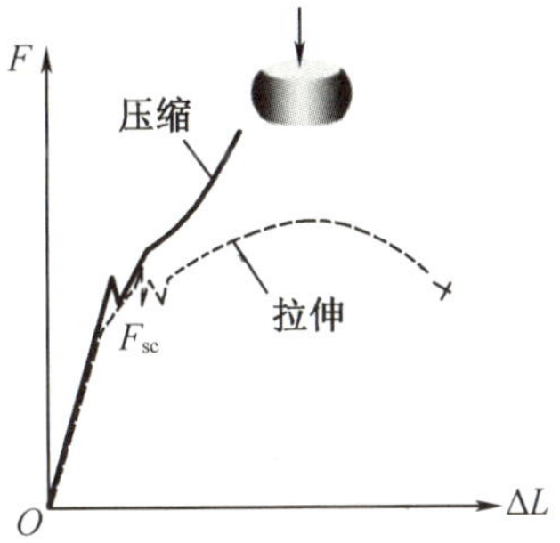

图 1-29　低碳钢压缩-拉伸曲线对比图

低碳钢压缩时也有弹性阶段、屈服阶段和强化阶段。低碳钢压缩变形，不会断裂，由于受到上下两端摩擦力影响，形成“鼓形”。

试样直径相同时，低碳钢压缩曲线和拉伸曲线的弹性阶段几乎重合，屈服点也基本一致。

低碳钢是塑性材料，试样屈服后，塑性变形迅速增长，其横截面积也随之增大，增加的面积又能承受更大的载荷，所以只能测得屈服极限，无法测得强度极限。

知识 5：铸铁压缩曲线

铸铁试样装在试验机上，受到轴向压力 F 作用，试样产生变形量 ΔL，两者之间的关系如图 1-30 所示。

灰铸铁的抗压强度是其抗拉强度的 3～4 倍。铸铁在较小变形下出现断裂，略成“鼓形”，断面的法线与轴线成 45°～55°；试样直径相同时，铸铁压缩曲线和拉伸曲线差异较大，其抗压强度远大于抗拉强度。

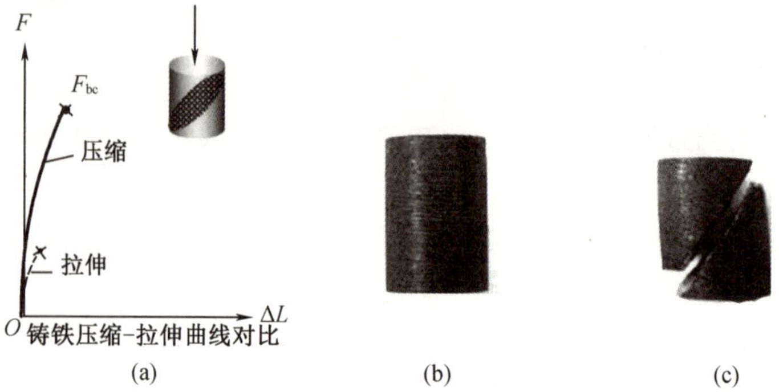

图 1-30　铸铁压缩-拉伸曲线对比图
（扫描图 1-30(a)观看低碳钢和灰口铸铁抗压强度的测试微课视频）

知识 6：试验方法和步骤

1. 根据低碳钢屈服荷载和铸铁最大实际压力的估计值(它应是满量程的 40%～80%)，选择试验机及其示力度盘，并调整其指针对零。对试验机的基本要求，经国家计量部门定期检验后应达到 1 级或优于 1 级准确度，试验时所使用力的范围应在检验范围内。

2. 调整好试验机上的自动绘图装置。

3. 将试样端面涂上润滑剂后，再将其准确地置于试验机活动平台的支承垫板中心处。对上、下承压垫板的平整度，要求 100 mm 应小于 0.01 mm。

4. 调整好试验机夹头间距，当试样端面接近上承压垫板时，开始缓慢、均匀加载。在加载试验过程中，其试验速度总的要求应是缓慢、均匀、连续地进行加载，具体规定速度为 0.5～0.8 MPa/s。

5. 对于低碳钢试样，若将试样压成鼓形即可停止试验。对于铸铁试样，加载到试样破裂时(可听见响声)立即停止试验，以免试样进一步被压碎。

6. 做铸铁试样压缩时，注意在试样周围安放防护网，以防试样破裂时碎碴飞出伤人。

测评

1. 知识测评

请确定关键词，按重要程度进行关键词排序并举例解读。根据自己的判断给关键词赋予权重，满分 100 分(表 1-10)。

表 1-10　低碳钢、灰口铸铁抗压强度测试知识测评表

序号	关键词	举例解读	评分自定
1			
2			
3			
4			
5			

2. 技能测评

表中所列内容,操作规范即得分,操作错误或未操作即零分(表 1-11)。

表 1-11　低碳钢、灰口铸铁抗压强度测试技能测评表

序号	技能点	配分	得分
1	使用游标卡尺	20	
2	万能试验机操作	30	
3	强度指标	30	
4	塑性指标	20	
总分		100	

3. 素质测评

表中所列素质点,做到即得分,未做到即零分(表 1-12)。

表 1-12　低碳钢、灰口铸铁抗压强度测度素质测评表

序号	素质点	配分	得分
1	学习纪律	20	
2	工具使用、摆放	20	
3	严谨认真、一丝不苟的精神	20	
4	互帮互助、团队精神	20	
5	实训环境“5S”	20	
总分		100	

任务 3　Q235、灰口铸铁冲击韧性指标测试

按照《金属材料　夏比摆锤冲击试验方法》(GB/T 229—2020)进行冲击试验,根据冲击试验的数据完成 Q235、灰口铸铁韧性指标的测试(图 1-31)。

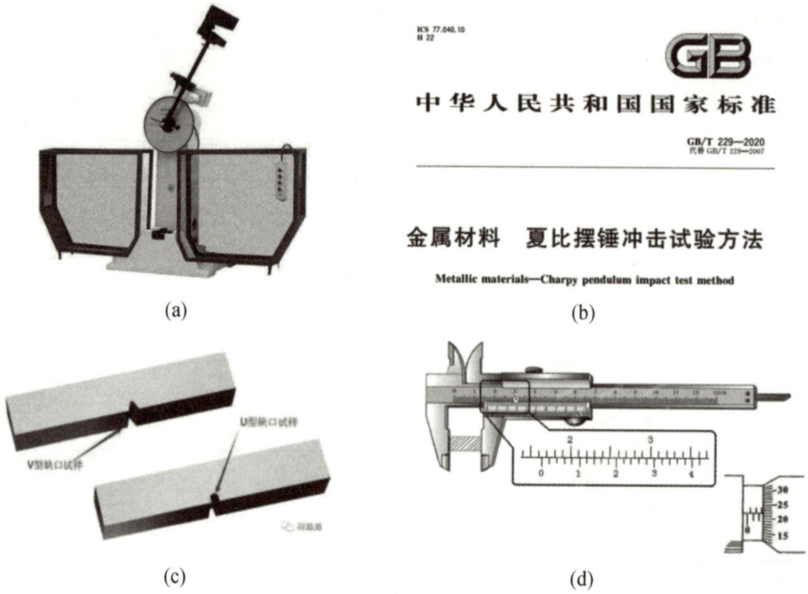

(a)　(b)　(c)　(d)

图 1-31　冲击试验载体(扫描图 1-30(a)观看冲击试验实训微课视频)

职业行动

步骤 1:冲击韧性的概念

冲击韧性:

冲击韧性的应用:

影响冲击韧性的因素:

评价

☆☆☆☆☆

步骤 2:写出冲击韧性原理

冲击试验原理:

冲击吸收功:

冲击韧性值 α_K：

评价

☆☆☆☆☆

步骤 3：测量试验尺寸，记录试验数据

计算低碳钢、灰口铸铁不同缺口试样的冲击韧性值 α_K，填入下表（表 1-13）。

表 1-13　冲击韧性值计算

<table>
<tr><th colspan="2" rowspan="2">试验
材料</th><th colspan="3">试样缺口处截面尺寸</th><th colspan="2">冲击功 A_K/J</th><th rowspan="2">冲击韧性
α_K/(J·cm^2)</th><th rowspan="2">缺口图</th></tr>
<tr><th>宽度
/mm</th><th>高度
/mm</th><th>截面面积
/mm^2</th><th>三次冲击</th><th>平均值</th></tr>
<tr><td rowspan="6">低碳钢</td><td rowspan="3">U 型</td><td rowspan="3"></td><td rowspan="3"></td><td rowspan="3"></td><td></td><td rowspan="3"></td><td rowspan="3"></td><td rowspan="6"></td></tr>
<tr><td></td></tr>
<tr><td></td></tr>
<tr><td rowspan="3">V 型</td><td rowspan="3"></td><td rowspan="3"></td><td rowspan="3"></td><td></td><td rowspan="3"></td><td rowspan="3"></td></tr>
<tr><td></td></tr>
<tr><td></td></tr>
<tr><td rowspan="6">灰铸铁</td><td rowspan="3">U 型</td><td rowspan="3"></td><td rowspan="3"></td><td rowspan="3"></td><td></td><td rowspan="3"></td><td rowspan="3"></td><td rowspan="6"></td></tr>
<tr><td></td></tr>
<tr><td></td></tr>
<tr><td rowspan="3">V 型</td><td rowspan="3"></td><td rowspan="3"></td><td rowspan="3"></td><td></td><td rowspan="3"></td><td rowspan="3"></td></tr>
<tr><td></td></tr>
<tr><td></td></tr>
</table>

评价

☆☆☆☆☆

步骤 4：试验结果分析

1. 分析、比较两种材料抗冲击的能力。

2. 分析、比较两种材料抵抗冲击时所吸收的功，以及破坏断口的形貌特征。

3. 画出两种材料、不同缺口试样的断口草图，并比较低碳钢 U 型 、V 型口试样断口组织形貌的差异，说明其原因。

评价

☆☆☆☆☆

拓展知识　测定冲击韧性值的意义

写出 TITANIC 号邮轮钢板出现问题的原因(图 1-32)

图 1-32　TITANIC 号

职业知识

知识 1:冲击韧性

冲击韧性是指金属材料在冲击载荷作用下抵抗变形和断裂的能力。冲击韧性反映材料内部的细微缺陷和抗冲击性能。

材料的冲击韧性不仅取决于材料本身的内在因素,材料的化学成分、热处理状态、冶炼方法、内在缺陷、加工工艺及环境温度等都会影响钢材冲击韧性。金属韧性通常随加载速度提高、温度降低、应力集中程度加剧而减小。

冲击韧性可揭示冶金缺陷对材料性能的影响;对于 σS 大致相同的材料,可评定缺口敏感性,评定低温脆性倾向。

知识 2:冲击试验原理

冲击试验(图 1-33)是将规定几何形状的缺口试样置于试验机两支座之间,缺口背向打击面放置,用摆锤一次打断试样,测定试样的吸收能量。

将样品水平放在试验机的支座上,缺口位于冲击相背的方向。然后将具有一定质量 m 的摆锤举至一定高度 H,使其获得一定位能 mgH,释放摆锤冲断试样,摆锤的剩余能量为 mgH,则摆锤冲断试样失去的位能为 $mgH-mgh$,这就是试样变形和断裂所消耗的功,称为冲击吸收功,以 A_K 表示,单位为 J。

$$A_{KU}=mg(H-h)\,(\mathrm{J})$$

用试样断口处单位面积上所消耗的冲击吸收功大小来衡量材料的冲击韧度,即

$$\alpha_K=\frac{A_{KU}}{S_0}\,(\mathrm{J/cm^2})$$

对采用 U 型缺口和 V 型缺口的试样，其冲击功分别用 A_{KU} 和 A_{KV} 来表示。

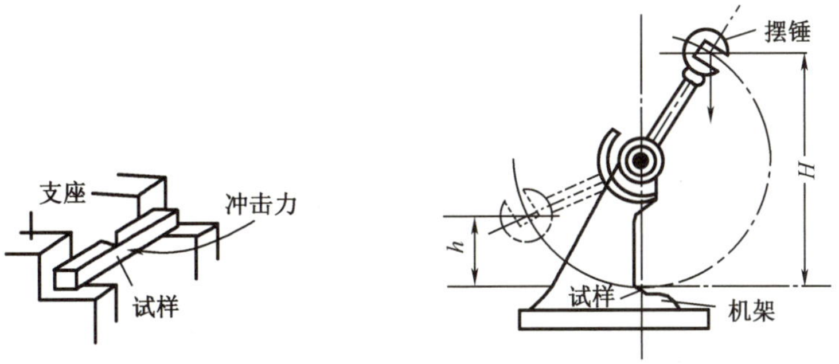

(a)冲击试验与支座的安放图　　(b)冲击试验的原理图

图 1-33　冲击试验（扫描观看 Q235、灰口铸冲击韧性指标测试微课视频）

材料的 α_K 值愈大，韧性就愈好；材料的 α_K 值愈小，材料的脆性愈大。通常把 αk 值小的材料称为脆性材料。研究表明，材料的 α_K 值随试验温度的降低而降低。

知识 3：冲击试验试样

标准冲击试样有两种，一种是 U 型缺口试样，另一种是 V 型缺口试样。它们的冲击韧度值分别为 A_{KU} 和 A_{KV}。

按照国家标准《金属材料　夏比摆锤冲击试验方法》（GB/T 229—2020），金属冲击试验所采用的标准冲击试样为 10 mm×10 mm×55 mm 并开有 2 mm 或 5 mm 深的 U 型缺口的冲击试样（图 1-34）以及 45°张角 2 mm 深的 V 型缺口冲击试样（图 1-35）。

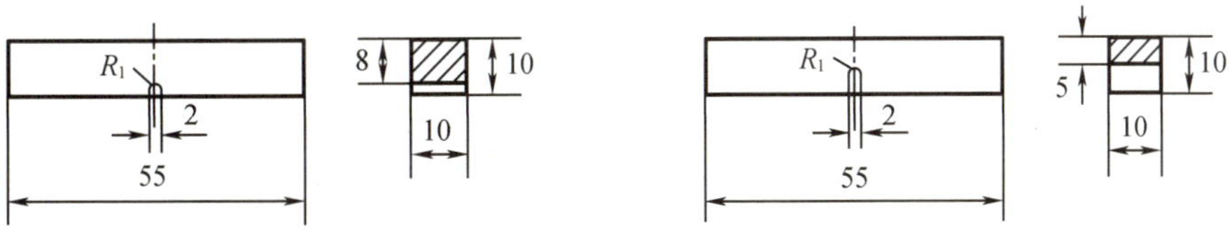

(a)深度为2 mm　　(b)深度为5 mm

图 1-34　夏比 U 型冲击试样

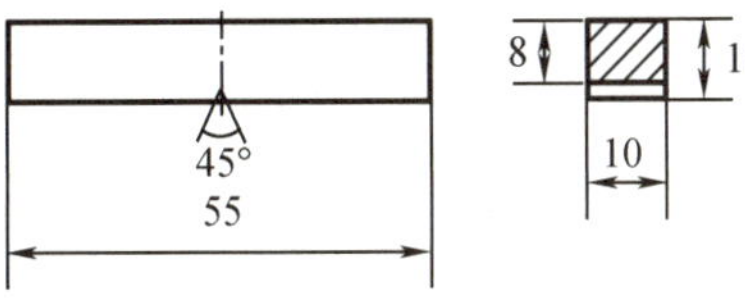

图 1-35　夏比 V 型冲击试样

试样尺寸：10 mm×10 mm×55 mm。

试样分为缺口试样和无缺口试样。缺口试样又分为夏比 V 型缺口冲击试样和夏比 U 型缺口冲击试样。无缺口试样适用于脆性材料（球铁、工具钢、淬火钢等）。

冲击试样开缺口的目的：使缺口附近造成应力集中，保证试样一次就被冲断且使断裂发生在缺口处。缺口的深度和尖锐程度对冲击吸收功影响显著。缺口越深、越尖锐，A_K 值越小，材料表现的脆性越大。所以，不同类型和尺寸的试样的 A_K 值不能相互换算和直接比较。

知识 4：冲击试验步骤

试验步骤如下：

1. 测量试件缺口尺寸，估算材料的 α_K 值，选择试验机度盘。

2. 安装试样前，将摆锤抬起，空摆一次，记录试验机因阻力所消耗的能量。

3. 将摆锤稍微抬起，用顶块顶住，然后安装试样，令缺口背对摆锤刀口，使缺口尖端位于受拉面并对中，且使试样紧贴支座。

4. 将摆锤抬起到需要位置，锁住；然后将操纵杆放在“冲击”位置，摆锤自由下落，将试件冲断。

5. 摆锤停摆后从刻度盘上读出冲断试样所消耗的能量 A_K（需减去因阻力消耗的能量）。每种材料需做三次以上测量，取其算术平均值，分别填入表中，作为计算 α_K 的依据。

6. 观察两种材料冲击断裂后断口的宏观形貌。

注意事项

1. 安装试样前，严禁抬高摆锤。

2. 摆锤抬起后，同学们一律不得站在面对摆锤运动的方向上，以免试件飞出伤人，在摆锤摆动范围内，切忌站人、行走及放置任何障碍物。

3. 摆锤下落尚未冲断试件前，切勿过早按制动电钮，以免提高冲击功的数值。

拓展知识

测定冲击韧性值的意义：

材料的冲击韧性随温度下降而下降。在某一温度范围内冲击韧性值急剧下降的现象称韧脆转变。发生韧脆转变的温度范围称为韧脆转变温度。材料的使用温度应高于韧脆转变温度。韧脆转变曲线如图 1-36 所示。

1. 评定材料相对韧性的大小

2. 评定材料的变脆倾向

图 1-36　韧脆转变曲线

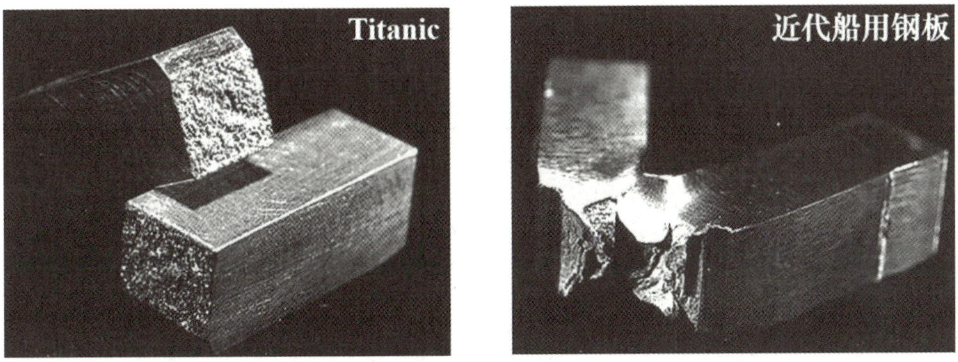

图 1-37　TITANIC 号邮轮钢板（左图）和 近代船用钢板（右图）的冲击试验结果

测评

1. 知识测评

请确定关键词，按重要程度进行关键词排序并举例解读。根据自己的判断给关键词赋予权重，满分 100 分（表 1-14）。

表 1-14　Q235、灰口铸铁冲击韧性指标测试知识测评表

序号	关键词	举例解读	评分自定
1			
2			
3			
4			
5			

2. 技能测评

表中所列内容，操作规范即得分，操作错误或未操作即零分（表 1-15）。

表 1-15　Q235、灰口铸铁冲击韧性指标测试技能测评表

序号	技能点	配分	得分
1	使用游标卡尺	20	
2	万能试验机操作	30	
3	强度指标	30	
4	塑性指标	20	
总分		100	

3. 素质测评

表中所列素质点，做到即得分，未做到即零分（表 1-16）。

表 1-16　Q235、灰口铸铁冲击韧性指标测试素质测评表

序号	素质点	配分	得分
1	学习纪律	20	
2	工具使用、摆放	20	
3	严谨认真、一丝不苟的精神	20	
4	互帮互助、团队精神	20	
5	实训环境“5S”	20	
总分		100	

任务 4　退火态 20 钢、45 钢布氏硬度测试

按照《金属材料　布氏硬度试验　第 1 部分：试验方法》（GB/T 231.1—2018）要求完成退火态 20 钢、45 钢布氏硬度测试。

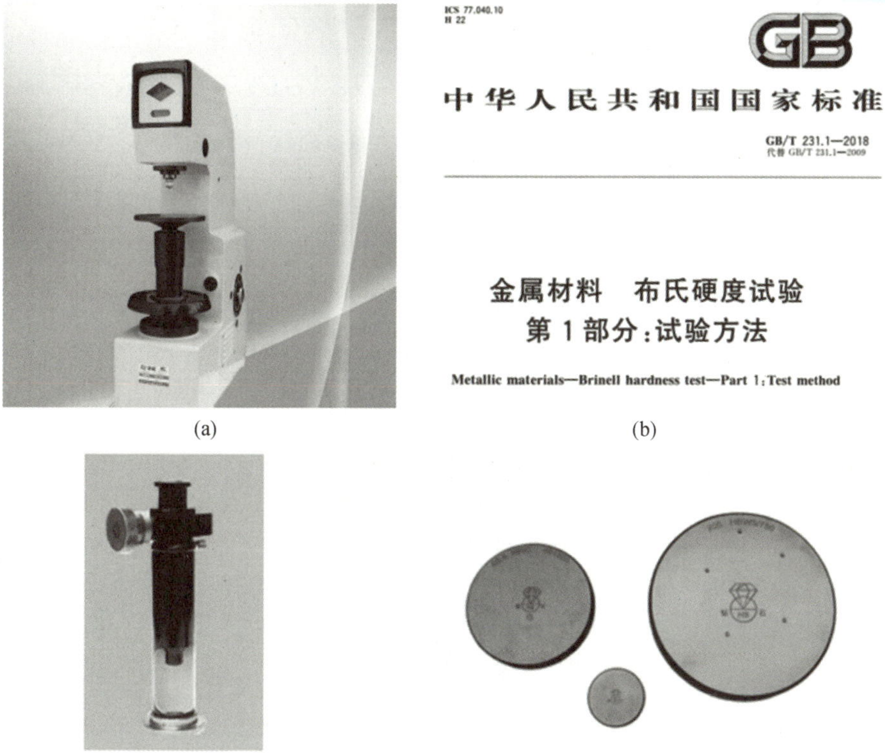

(a)　(b)　(c)　(d)

图 1-38　试验载体

职业行动

步骤 1：写出硬度的含义，知晓硬度与强度的关系

硬度：

硬度与强度的关系：

评价

☆☆☆☆☆

步骤 2：写出布氏硬度试验原理

布氏硬度试验的原理：

布氏硬度的特点：

评价

☆☆☆☆☆

步骤3:布氏硬度计的结构

填写图1-39中布氏硬度计的组成部分:

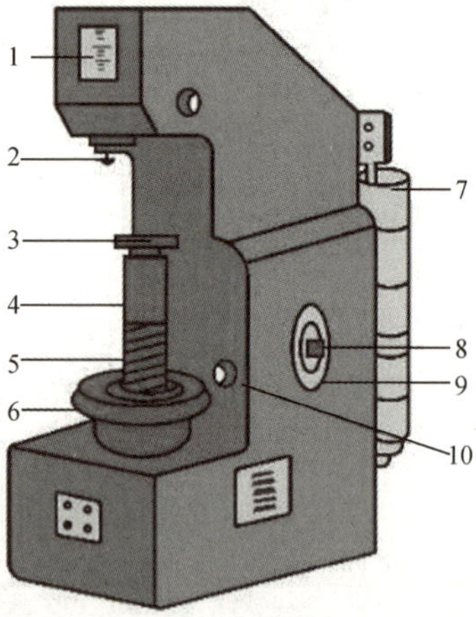

图1-39　布氏硬度计的结构

评价

☆☆☆☆☆

步骤4:按照下列步骤完成20钢、45钢退火状态布氏硬度试验的操作并写出操作规程(图1-40)

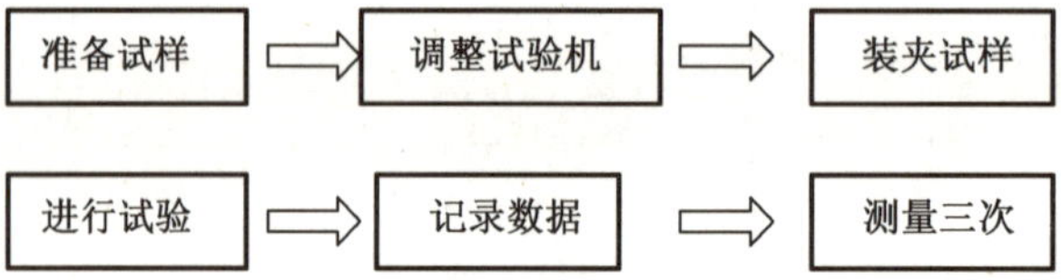

图1-40　布氏硬度试验操作

评价

☆☆☆☆☆

步骤5:写出下列布氏硬度的含义

1. 170HBS10/1000/30:

2. 530HBW5/750:

评价

☆☆☆☆☆

步骤6:记录20钢、45钢退火状态布氏硬度值(表1-17)

表 1-17　退火状态布氏硬度试验记录表

材料	热处理	试验规范				试验结果				
		P/D^2	压头直径 D/mm	试验力 P/N(kgf)	保持时间 t/s	压痕直径 d/mm			硬度值	表示法
						d_1	d_2	d_3		

步骤 7：记录 20 钢、45 钢正火状态布氏硬度值(表 1-18)

表 1-18　正火状态布氏硬度试验记录表

材料	热处理	试验规范				试验结果				
		P/D^2	压头直径 D/mm	试验力 P/N(kgf)	保持时间 t/s	压痕直径 d/mm			硬度值	表示法
						d_1	d_2	d_3		

评价

☆☆☆☆☆

知识拓展

分析比较 20 钢、45 钢退火和正火状态下布氏硬度值的差别。

评价

☆☆☆☆☆

职业知识

知识 1：硬度初认识

硬度是金属材料力学性能指标中最常用的指标之一，用于表征金属材料局部表面在接触压力作用下抵抗塑性变形的一种能力，反映了材料的软硬程度，检查和控制金属零件的热处理质量。

低碳钢：

$$HB \approx \sigma_b/3.6$$

高碳钢：

$$HB \approx \sigma_b/3.4$$

调质合金钢：

$$HB \approx \sigma_b/3.25$$

铝铸件：

$$HB \approx \sigma_b/0.26$$

退火青铜和黄铜：

$$HB \approx \sigma_b/0.55$$

锌合金：

$$HB \approx \sigma_b/0.09$$

硬度是材料弹性、塑性、强度和韧性等力学性能的综合指标。硬度数据与其他力学性能存在一定关系，如抗拉强度，硬度高，强度也高。

金属的硬度与强度指标之间存在如下近似关系：

$$HB = \frac{\sigma}{K}$$

式中　σ——材料的抗拉强度值；

HB——布氏硬度值；

K——系数。

退火状态的碳钢 $K=0.34\sim0.36$；

合金调质钢 $K=0.33\sim0.35$；

有色金属合金 $K=0.33\sim0.53$。

布氏硬度测量法适用于铸铁、非铁合金、各种退火及调质的钢材，不宜测定太硬、太小、太薄和表面不允许有较大压痕的试样或工件。

布氏硬度试验的优点是代表性强，数据重复性好，与强度之间存在一定的换算关系。其缺点是不能测试较硬的材料；压痕较大，不适于成品检验。

知识 2：布氏硬度

把规定直径（10 mm、5 mm、2.5 mm）的淬火钢球或硬质合金球，以规定负荷压入被测材料表面，经规定保荷时间后卸除负荷，测量试样表面的压痕直径，计算试样上钢球压痕的球形面积所承受的平均压力（kgf/mm^2）即布氏硬度值，用 HBS（淬火钢球）或 HBW（硬质合金球）表示。

$$HBW(或\ HBW) = \frac{P}{S} = \frac{2P}{\pi D(D-\sqrt{D^2-d^2})}$$

式中　HBW——表示用硬质合金球测试时的布氏硬度值；

P——载荷，kg（1 kg = 9.8 N）；

D——压头钢球直径，mm；

d——压痕平均直径，mm；

S——压痕面积，mm^2。

式中只有 d 是变数，故只需要测出压痕直径 d，根据已知 D 和 P 值就可以计算出 HBW

或(HBS)值。

布氏硬度试验原理示意图如图 1-41 所示。

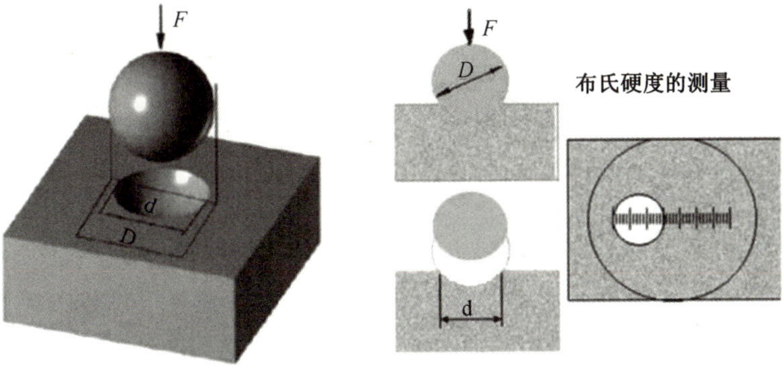

图 1-41　布氏硬度试验原理示意图(扫描观看布氏硬度计动画)

布氏硬度习惯上不标出单位。生产中已专门制定了平面布氏硬度值计算表。用读数显微镜测出压痕直径后,直接查表就可获得 HB 硬度值。布氏硬度值单位为 kgf/mm^2 (N/mm^2);布氏硬度上限值为 HB650,不能高于此值。

在规定布氏硬度试验时,常用的 $0.102F/D$ 比例为 30、10、2.5 三种,根据金属材料的种类、试样硬度范围和厚度的不同,按表 1-19(布氏硬度试验规范)选择试验压头(钢头)的直径 D、试验力 F 及保持时间。

载荷、压头直径、保持时间是布氏硬度试验三要素。

由于金属材料有软有硬,工件有薄有厚、有大有小,因此布氏硬度的钢球有 ϕ2.5 mm、ϕ5 mm、ϕ10 mm 三种,载荷有 15.6 kg、62.5 kg、187.5 kg、250 kg、750 kg、1 000 kg、3 000 kg 七种。

表 1-19　布氏硬度试验规范

材料	HBS 硬度	试样厚度/mm	F/D^2	D/mm	P/N	载荷保持时间/s
钢铁材料	140~450	6~3 4~2 <2	30	10 5 2.5	29 400 7 350 1 837.5	10
	<140	>6 6~3 <3	10	10 5 2.5	9 800 2 450 612.5	10
铜合金及镁合金	36~130	>6 6~3 <3	10	10 5 2.5	9 800 2 450 612.5	30
铝合金及轴承合金	8~35	>6 6~3 <3	2.5	10 5 2.5	2 450 612.5 152.88	60

知识3：布氏硬度计结构（图1-42、图1-43）

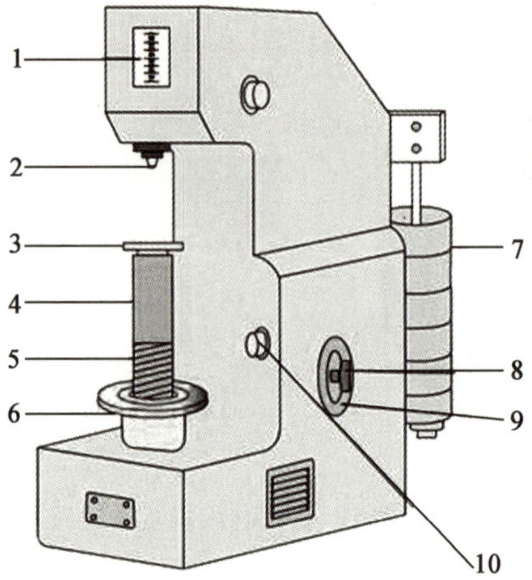

1—指示灯；2—压头；3—工作台；4—立柱；5—丝杆；6—手轮；7—载荷砝码；8—压紧螺钉；9—时间定位器；10—加载按钮。

图1-42　HB-3000型布氏硬度计外部结构

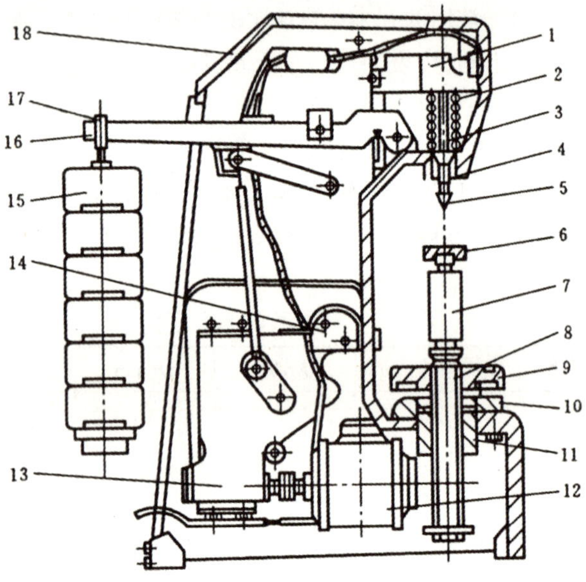

1—小杠杆；2—弹簧；3—压轴；4—主轴衬套；5—压头；6—可更换工作台；7—工作台立柱；8—螺杆；9—升降手轮；10—螺母；11—套筒；12—电动机；13—减速器；14—换向开关；15—砝码；16—大杠杆；17—吊环；18—机体；19—电源开关。

图1-43　HB-3000型布氏硬度计内部结构

知识4：布氏硬度计操作规程

布氏硬度计操作规程如下。

1. 校验

试验前，应使用与试样硬度相近的二等标准布氏硬度块对硬度计进行校对，即在硬度块上不同部位测试五个点的硬度，取其平均值。其值不超过标准硬度块硬度值的±3%方可进行试验，否则应对硬度计进行调整、修理。

2. 选择压头

选用适当的压头、负荷及保荷时间，按规定选择负荷，砝码吊架自重 187.5 kg，如选用的负荷为 187.5 kg 时，只需将砝码吊架挂在大杠杆尾部刀刃上即可，其他负荷依次加相应砝码。

3. 选择负荷保持时间

负荷保持时间长短按规定选择好，然后将压紧螺钉松开，把圆盘内的弹簧定位器旋转到所需的时间位置上（圆盘红标志与铭牌上的时间标志 10 s、30 s 或 60 s 相对应）。压紧螺钉松开的程度应能保证圆盘做回转调整。

4. 打开电源开关，绿灯亮。将试样放在工作台上，顺时针转动手轮使压头和试样缓慢接触，直到手轮与螺母产生相对打滑为止。

5. 按加载按钮，启动电动机，载荷砝码经杠杆系统传递到压头，开始加载荷。此时因压紧螺钉已拧松，圆盘并不转动，当红色指示灯亮时，迅速拧紧压紧螺钉。达到所要求的持续时间后，即自动卸荷。

6. 逆时针转动手轮降下工作台，取下试样用读数显微镜测出压痕直径 d 值，以此值查表即得 HB 值。

扫描图 1-44 观看布氏硬度测试实训微课视频。

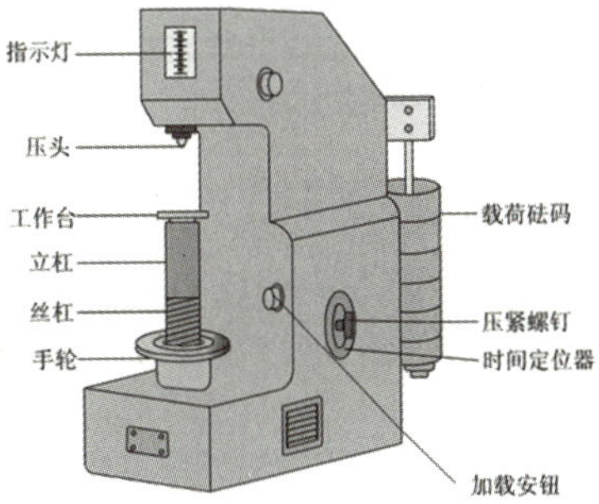

图 1-44　扫描观看布氏硬度测试实训微课视频

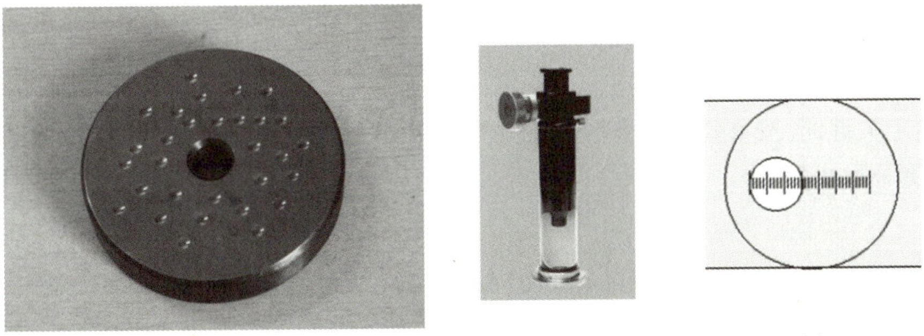

(a)　(b)　(c)

图 1-45　用读数显微镜测量压痕直径

读数显微镜读数方法：

将仪器置于被测试样上，并使读数显微镜的入光孔朝向光线，被测试样用自然光或灯光照射，然后调节目镜焦距，使视场中同时看清分划板和物象。进行测量时，先旋动读数指示套，使刻有长丝的下分划板移动，同时稍微移动读数显微镜，使竖直长丝与被测压痕的一边相切，得一读数，然后再旋动读数指示套，使竖直长丝与被测压痕的另一边相切，又得一读数，二者之差即为被测压痕的直径（图 1-45）。

知识 4：布氏硬度表示方法（图 1-46）

HBS 或 HBW 之前的数字为硬度值，后面按顺序用数字表示试验条件：

①压头的球体直径；

②试验载荷；

③试验载荷保持的时间（10~15 s 不标注）。

例如：

170HBS10/1000/30 表示用直径 10 mm 的钢球，在 9 807 N（1 000 kgf）的试验载荷作用下，保持 30 s 时测得的布氏硬度值为 170。

530HBW5/750 表示用直径 5 mm 的硬质合金球，在 7 355 N（750 kgf）的试验载荷作用下，保持 10~15 s 时测得的布氏硬度值为 530。

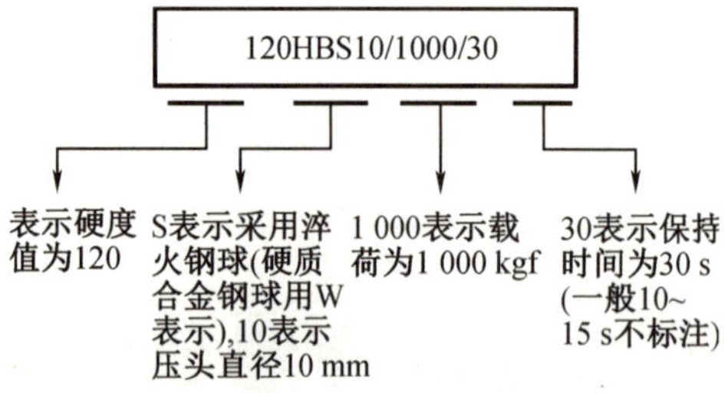

图 1-46　HB-3000 型布氏硬度表示方法

（扫描观看退火态 20 钢、45 钢、T10 钢布氏硬度测试微课视频）

测评

1. 知识测评

请确定关键词，按重要程度进行关键词排序并举例解读。根据自己的判断给关键词赋予权重，满分 100 分（表 1-20）。

表 1-20　退火态 20 钢、45 钢、T10 钢布氏硬度测试知识测评表

序号	关键词	举例解读	评分自定
1			
2			
3			
4			
5			

2. 技能测评

表中所列内容,操作规范即得分,操作错误或未操作即零分(表 1-21)。

表 1-21　退火态 20 钢、45 钢、T10 钢布氏硬度测试技能测评表

序号	技能点	配分	得分
1	布氏硬度计校验	20	
2	布氏硬度计操作	30	
3	测微器的操作	30	
4	硬度指标	20	
总分		100	

3. 素质测评

表中所列素质点,做到即得分,未做到即零分(表 1-22)。

表 1-22　退火态 20 钢、45 钢、T10 钢布氏硬度测试素质测评表

序号	素质点	配分	得分
1	学习纪律	20	
2	工具使用、摆放	20	
3	严谨认真、一丝不苟的精神	20	
4	互帮互助、团队精神	20	
5	实训环境“5S”	20	
总分		100	

任务 5　淬火态 20、45、T10 钢洛氏硬度测试

按照《金属材料　洛氏硬度试验　第 1 部分：试验方法》(GB/T 230.1—2018)要求完成淬火态 20 钢、45 钢、T10 钢洛氏硬度测试(图 1-47)。

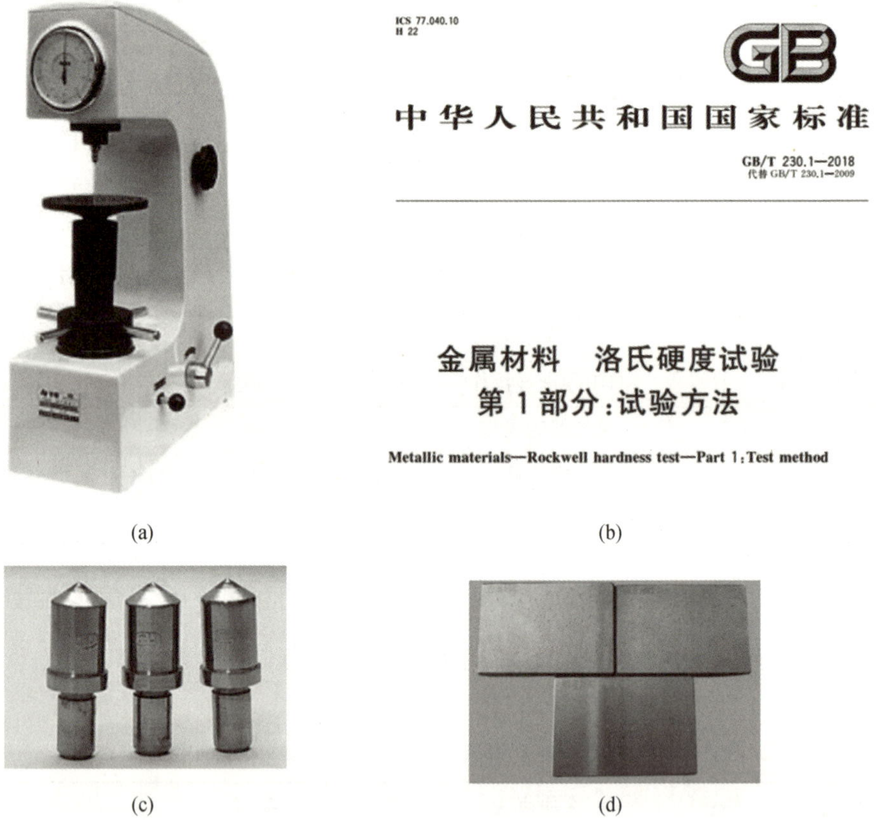

图 1-47　试验载体

职业行动

步骤 1：写出洛氏硬度的含义

洛氏硬度：

洛氏硬度的特点：

评价

☆☆☆☆☆

步骤 2:写出洛氏硬度试验的原理

1. 洛氏硬度试验的原理:

2. 填写洛氏硬度符号、适用范围(表 1-23)

表 1-23　洛氏硬度相关信息

硬度符号	压头类型	总载荷/N(kgf)	有效硬度值范围	适用范围
	120°金刚石圆锥体	588(60)	70～85	
	ϕ1. 588 mm 淬火钢球	980(100)	25～100	
	120°金刚石圆锥体	1 470(150)	20～67	

评价

☆☆☆☆☆

步骤 3:洛氏硬度计的结构

填写图 1-48 中洛氏硬度计的组成部分:

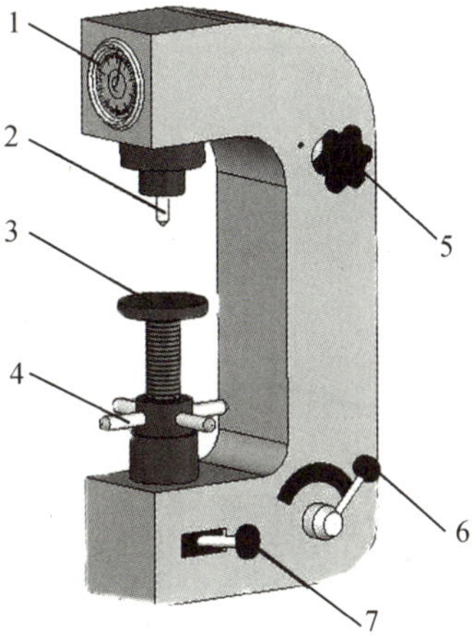

图 1-48　洛氏硬度计结构

评价

☆☆☆☆☆

步骤 4:按照下列步骤完成 20 钢、45 钢、T10 淬火状态洛氏硬度的操作并写出操作规程(图 1-49)

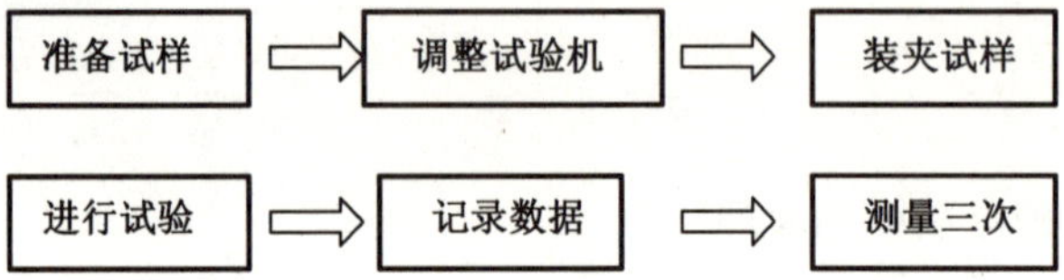

图 1-49　洛氏硬度相关信息

评价

☆☆☆☆☆

步骤 5：记录淬火态 20 钢、45 钢、T10 钢洛氏硬度值（表 1-24）

表 1-24　洛氏硬度试验记录表

材料	热处理	试验规范			试验结果				
		标尺	压头	总试验力/N	1	2	3	平均值	表示法

评价

☆☆☆☆☆

拓展知识

1. 布洛硬度计（图 1-50）

布洛硬度计利用磁吸力将测头固定在钢铁零件表面测试硬度；完全按照布氏及洛氏测试原理工作，直接测出布氏、洛氏硬度值，测试精度符合国家标准 GB/T 230.2 和 GB/T 231.2。

图 1-50　布洛硬度计

布洛硬度计用于在生产现场快速、精确测试大型的、组装的、不可切割及不便移动的钢铁零件的本体硬度。

布洛硬度计可测试钢板、钢管、轴类、模具、大锻件及具有合适测量面的大中型热处理零件。

布洛硬度计可测试锅炉、压力容器、压力管道的焊缝硬度，可代替精度和可靠性不高的里氏硬度计。

2. 新旧国标的差异(图 1-51)

ICS 77.040.10
H 22

GB

中华人民共和国国家标准

GB/T 230.1—2018
代替 GB/T 230.1—2009

图 1-51　扫描图片查阅新旧国标解读

职业知识

知识 1:洛氏硬度初认识

洛氏硬度是以压痕塑性变形深度来确定硬度值的指标，以 0.002 mm 作为一个硬度单位。在洛氏硬度试验中采用不同的压头和不同的试验力，会产生不同的组合，对应于洛氏硬度不同的标尺。常用的有 3 个标尺，其应用涵盖了几乎所有常用的金属材料。

被测样品过小或者布氏硬度(HB)大于 450 时，就改用洛氏硬度计量。

洛氏硬度计的优点是操作迅速简便，可以直接读出数值，压痕小，对一般工件不造成损伤。因有不同的标尺和压头，可以测极软到极硬材料的硬度，不存在压头变形问题。缺点是因压痕小，对粗大组织结构的材料(如铸铁等)缺乏代表性，数值波动性大。

图 1-52　扫描观看淬火态 20、45、T10 钢洛氏硬度测试微课视频

知识 2:洛氏硬度测量原理

洛氏硬度试验原理如图 1-53 所示，即在规定载荷作用下，将金刚石圆锥体或淬火钢球压头压入试样表面，根据压痕深度来确定其硬度值。

洛氏硬度测定法是用压头锥角为 120°的金刚石圆锥或直径为 ϕ1.588 mm 的钢球，使用初始试验力 F_0 将压头垂直压入试样表面，然后施加主试验力，在总载荷作用后，卸除主载荷而保留初载荷时的压入深度之差来表示硬度。在洛氏硬度标尺上，每 2 μm 压痕深度差值代表一个洛氏硬度刻度，深度差越大，则硬度越低，反之，则硬度越高。

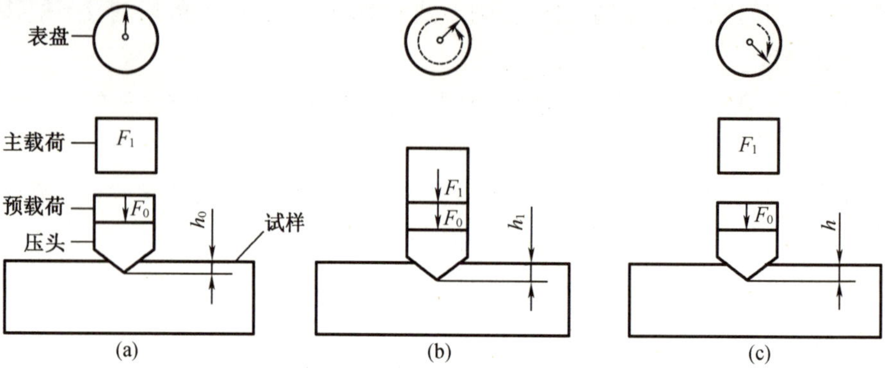

图 1-53　洛氏硬度试验原理图(扫描观看洛氏硬度计动画)

试验时,先加初载荷 9.8 N(1 kgf),压痕深度为 h_1,然后再加主载荷,压痕深度为 h_2。卸去主载荷,保留初载荷,由于材料弹性变形的恢复,实际压痕深为 h。由压痕深度 h 确定硬度值,压痕越深,则硬度值越小。规定每 0.002 mm 压痕深度为 1 洛氏硬度单位。

洛氏硬度试验采用不同的压头和载荷,可以试验从软到硬的各种材料。每一种标尺用一个字母在洛氏硬度符号 HR 后注明,有 9 种之多,常用的是 HRA、HRB 和 HRC。其最常用的三种洛氏硬度符号、试验条件和应用举例见表 1-25,其中 HRC 应用最广。洛氏硬度值无单位,硬度值可在读数表盘上直接读出。

表 1-25　常用洛氏硬度符号、试验条件和应用举例

硬度符号	压头类型	总载荷/N(kgf)	有效硬度值范围	应用举例
HRA	120°金刚石圆锥体	588(60)	70~85	硬质合金、表面淬火层或渗碳层
HRB	ϕ1.588 mm 淬火钢球	980(100)	25~100	非铁金属、退火钢
HRC	120°金刚石圆锥体	1 470(150)	20~67	淬火钢、调质钢

知识 3:洛氏硬度计结构

常用的 HR-150A 型洛氏硬度计的结构如图 1-54 所示,包括工作台、压头、表针、手轮、交换手把、加荷手把、卸荷手把。

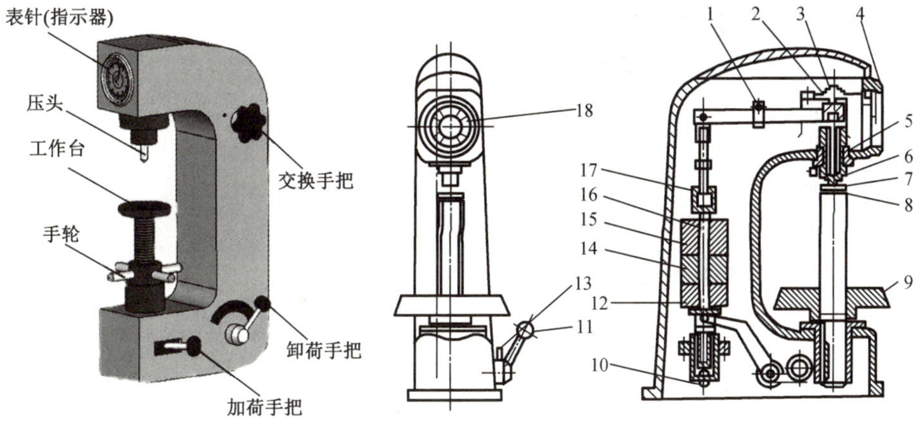

1—调整块;2—顶杆;3—调整螺钉;4—调整盘;5—按钮;6—紧固螺母;7—试样;8—工作台;9—手轮;10—放油螺钉;11—操纵手柄;12—砝码座;13—油杆;14,15—砝码;16—杆;17—吊套;18—指示器。

图 1-54　HR-150A 型洛氏硬度计结构

知识 4:洛氏硬度计操作规程

洛氏硬度试验机操作方法如下:

(1)试验前应使用与试样硬度相近的标准硬度块进行校验。

(2)根据试样的硬度值范围,选择适当的压头和载荷。

(3)试样进行表面处理,使粗糙度达到试验要求。

(4)将符合要求的试样放置在试样台上,顺时针转动手轮,使试样与压头缓慢接触,直至小指针指向小红点为止,此时即已予加载荷 10 kg。旋转提示器外壳,使 C、B 之间长刻线与大指针对正(顺时针或逆时针旋转均可)。

(5)轻轻向前推动加荷手把,施加主载荷。

(6)当指示器指针的转动显著停顿下来后,即可将卸荷手把推回,卸除主试验力。

(7)从指示器上读取相应的标尺读数。采用金刚石压头试验时,按表盘外圈的黑字读取;采用球压头试验时,按表盘内圈的红字读取。

(8)转动手轮使试件下降,再移动试件,按以上(2)~(6)步骤进行新的试验,并将有关数据进行。

洛氏硬度刻度盘如图 1-55 所示。

图 1-55　洛氏硬度刻度盘

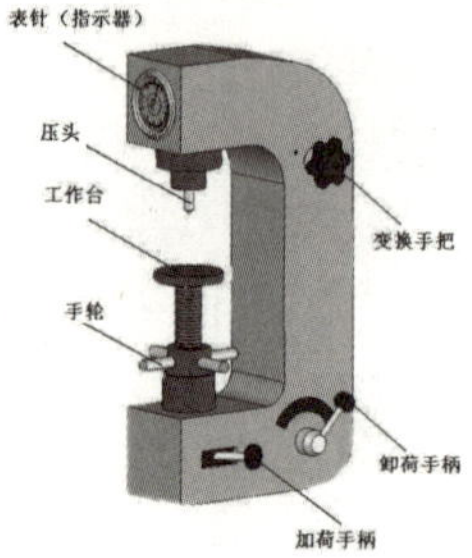

图 1-56　扫描观看洛氏硬度测试实训微课视频

拓展知识　新型洛氏硬度计（图 1-57、图 1-58）

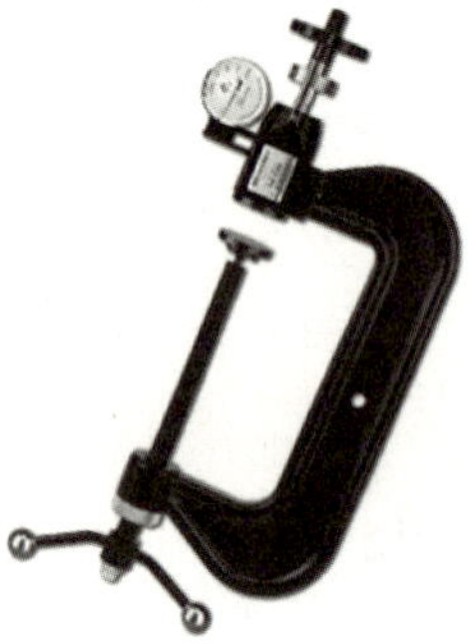

图 1-57　小型便携式洛氏硬度计

图 1-58　布洛硬度计

扫描图片可查询小型便携式洛氏硬度计、布洛硬度计参数和适用范围

测评

1. 知识测评

请确定关键词，按重要程度进行关键词排序并举例解读。根据自己的判断给关键词赋予权重，满分 100 分（表 1-26）。

表 1-26　淬火态 20、45、T10 钢洛氏硬度测试知识测评表

序号	关键词	举例解读	评分自定
1			
2			
3			
4			
5			

2. 技能测评

表中所列内容，操作规范即得分，操作错误或未操作即零分（表 1-27）。

表 1-27　淬火态 20、45、T10 钢洛氏硬度测试技能测评表

序号	技能点	配分	得分
1	洛氏硬度计校验	20	
2	尺标选择	30	
3	硬度计操作	30	
4	硬度读数	20	
总分		100	

3. 素质测评

表中所列素质点,做到即得分,未做到即零分(表 1-28)。

表 1-28　淬火态 20、45、T10 钢洛氏硬度测试素质测评表

序号	素质点	配分	得分
1	学习纪律	20	
2	工具使用、摆放	20	
3	严谨认真、一丝不苟的精神	20	
4	互帮互助、团队精神	20	
5	实训环境"5S"	20	
总分		100	

任务 6　渗氮后 38CrMoAlA 钢维氏硬度测试

按照《金属材料　维氏硬度试验第 1 部分:试验方法》(GB/T 4340.1—2022)国标要求完成渗氮后 38CrMoAlA 钢维氏硬度测试(图 1-59)。

职业行动

步骤 1:写出维氏硬度的含义

维氏硬度:

适用范围:

特点:

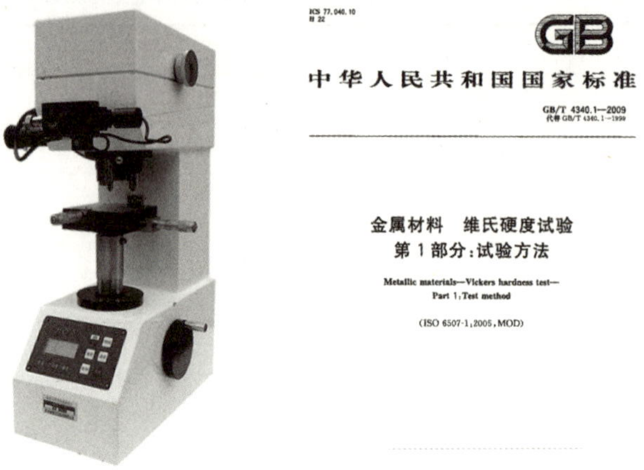

(a)　　　　(b)

图 1-59　试验载体（扫描观看维氏硬度测试微课视频）

评价

☆☆☆☆☆

步骤 2：写出维氏硬度试验的原理

维氏硬度试验的原理：

评价

☆☆☆☆☆

步骤 3：维氏硬度计的结构（图 1-60）

填写维氏硬度计主要组成部分。

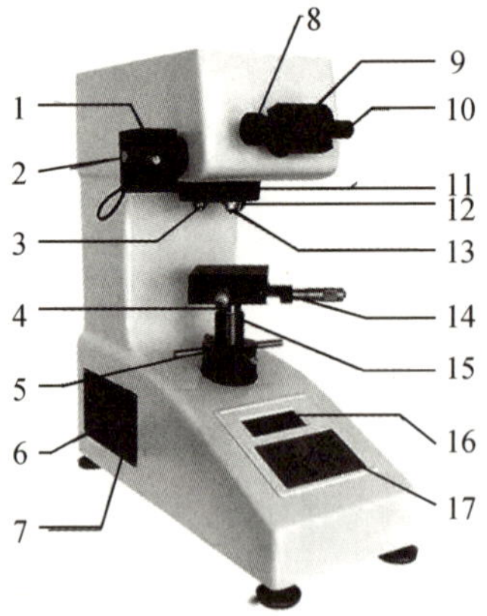

图 1-60　维氏硬度计的结构（扫描观看维氏硬度测试实训视频）

评价

☆☆☆☆☆

步骤4:写出维氏硬度计的操作步骤

维氏硬度计的操作步骤:

评价

☆☆☆☆☆

步骤4:测试渗氮后38CrMoAlA钢维氏硬度值(表1-29)

表1-29　维氏硬度试验记录表

材料	热处理	试验条件		试验结果				
		试验力	保持时间	压痕直径			硬度值	表示法
		P/N(kgf)	*t*/s	d_1/mm	d_2/mm	平均值		

职业知识

知识1:维氏硬度初认识

维氏硬度与布氏硬度试验原理基本相同,也是根据压痕单位面积所承受的试验力计算硬度值,只是压头改用为两相对面夹角为136°的金刚石正四棱锥。

在静态力测定硬度方法中,维氏硬度试验方法是最精确的一种,这种方法测量硬度的范围较宽,可以测定目前所使用的绝大部分金属材料的硬度。

维氏硬度试验按试验力大小的不同,分为三种试验,即维氏硬度试验、小负荷维氏硬度试验和显微维氏硬度试验(表1-30)。

表1-30　维氏硬度试验的三种方法

试验名称	试验力范围/N	硬度符号
维氏硬度试验	$F \geq 49.03$	≥HV5
小负荷维氏硬度试验	$1.961 \leq F < 49.03$	HV0.2~<HV5
显微维氏硬度试验	$0.098\ 07 \leq F < 1.961$	HV0.01~<HV0.2

注:国家标准规定维氏硬度压痕对角线的长度范围为0.020~1.400 mm。

维氏硬度试验:除特别小和薄试样层的样品外,测量范围可覆盖所有金属。

小负荷维氏硬度试验:特别适于测量钢表面强化层及化学热处理表面层,以及各种渗层、镀层等的表面硬度。

显微维氏硬度试验:除用于产品的硬度检验外,在金属学、金相学研究方面也是最常用的试验方法之一。

优点:适用范围广,从极软到极硬材料都可测量;测量精度高,可比性强;硬度值与试验力大小无关。

缺点:测量操作较麻烦,测量效率低,不适于大批生产和测量组织不均匀材料。

维氏硬度试验要素如图 1-61 所示。

Test Method	Application
HV0.01 HV0.025 HV0.05	Small geometries, thin layers ceramics 小试样及薄片试样
HV0.1 HV0.2 HV0.3 HV0.5	Hardness Progressions (CHD, Eht or Nht) 硬度梯度
HV1 HV2 HV3	Hardness Progressions (CHD, Eht or Nht) Surface Hardness Testing 硬度梯度和 Surface Hardness Testing 表面硬度
HV5 HV10 HV20	Welding Test, Sintered Metals 焊缝组织和烧结材料
HV30 HV50 HV100	Jominy Test, Surface Hardness Testing Surface Hardness Testing 端淬试验样品 Surface Hardness Testing 表面硬度

图 1-61 维氏硬度试验要素

知识 2:维氏硬度测量原理

维氏硬度采用两相对面间夹角为 136°的金刚石正四棱锥体。压头在选定的试验力 F 作用下,压入试样表面,经规定保持时间后(10~15 s),卸除试验力。在试样表面压出一个正四棱锥形的压痕,测量压痕对角线长度 d_1、d_2,用压痕对角线平均值计算压痕的表面积。

其试验原理如图 1-62 所示。

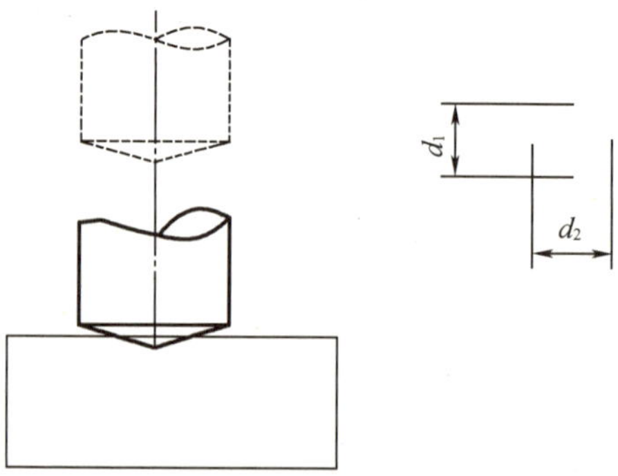

图 1-62 维氏硬度试验原理图(扫描观看维氏硬度测试原理动画)

维氏硬度值是试验力 F 除以压痕表面积所得的商，用符号 HV 表示。

维氏硬度计算公式为

$$\mathrm{HV}=常数\times\frac{试验力}{压痕表面积}\approx 0.1891\frac{F}{d^2}$$

式中　F——试验力；

d——两压痕对角线长度 d_1 和 d_2 的算术平均值。

维氏硬度值不标注单位。

知识 3：维氏硬度计结构

维氏硬度计由电源插头和开关、水平调节螺钉、升降旋轮、升降螺杆、十字试台、压头、眼罩、左鼓轮、右鼓轮、40x 物镜等部分组成（图 1-63）。

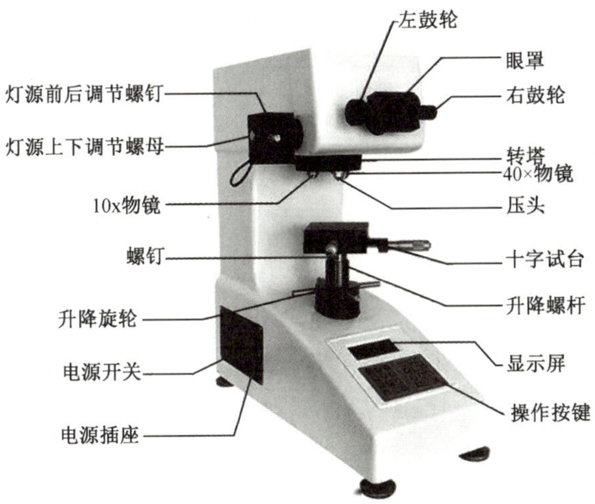

图 1-63　维氏硬度计结构（扫描观看维氏硬度测试实训微课视频）

知识 4：维氏硬度计操作规程

操作步骤如下：

1. 设备确认：插上电源，打开电源开关，屏幕上出现界面，确认压头、物镜、目镜是否完好。

2. 选择试样：试样面必须光洁。如试样品面达不到测试要求，测试前采用金相试样抛光机对试样面进行抛光处理。

3. 试验力：0.3 kgf、0.5 kgf、1 kgf、2 kgf、5 kgf、10 kgf，不同的材料厚度选择不同的试验力。

4. 扳手柄，使 10x 物镜与丝杠轴线重合。旋转升降旋轮，直到从测微目镜中观察到清晰的试样表面为止。

5. 扳手柄，旋转转动头，使压头与丝杠轴线重合。

6. 按下加荷键，随之完成试验力施加（液晶显示板显示“Loading”）。

7. 保持（显示“Dwelling”）、卸除（显示“Unloading”）。

8. 扳手柄，使 40x 物镜与丝杠轴线重合。

9. 旋转手轮，使测微目镜视场中两条刻线重合，按清零键。

10. 旋转微动手轮，使一条刻线与试验压痕的一个角相切；旋转手轮，使另一条刻线与另一角相切。按动按钮，液晶显示板上即可显示对角线的长度 d_1。

11. 旋转测微计 90°，重复上述操作，液晶显示板上即可显示另一对角线长度 d_2 及被测试样的维氏硬度值 HV。

12. 严禁在没有试件时进行加裁。

推荐的维氏硬度试验力见表 1-31。

表 1-31　推荐的维氏硬度试验力

维氏硬度试验		小负荷维氏硬度试验		显微维氏硬度试验	
硬度符号	试验力/N	硬度符号	试验力/N	硬度符号	试验力/N
HV5	49.03	HV0.2	1.961	HV0.01	0.098 07
HV10	98.07	HV0.3	2.942	HV0.015	0.147 1
HV20	196.1	HV0.5	4.903	HV0.02	0.196 1
HV30	294.2	HV1	9.807	HV0.025	0.245 2
HV50	490.3	HV2	19.61	HV0.05	0.490 3
HV100	980.7	HV3	29.42	HV0.1	0.980 7

注：1. 维氏硬度试验可使用大于 980.7 N 的试验力；
2. 试验力为推荐值，测头为顶角 136°的金刚石四方角锥体压头。

知识 5：维氏硬度计表示方法

维氏硬度计表示方法如图 1-64 所示。

HV 之前的数字为硬度值，后面按顺序用数字表示试验条件：

①试验力；

②试验载荷保持的时间（10～15 s 不标注）

600HV30 表示采用 30 kgf 的试验力，保持 10～15 s 得到的硬度值为 600；

640HV30/20 表示采用 30 kgf 的试验力，保持 20 s 得到的硬度值为 600。

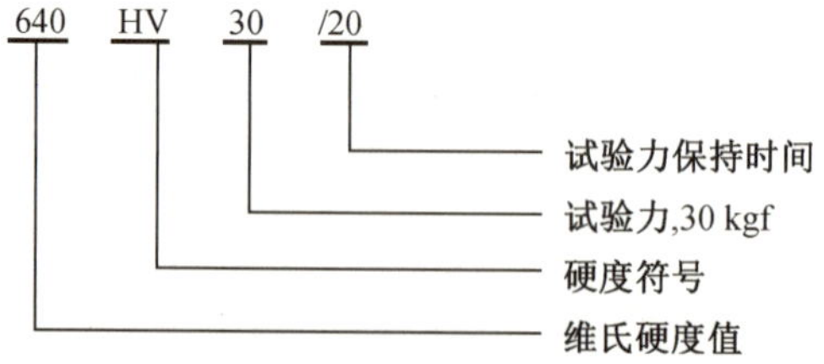

图 1-64　纸氏硬度计表示方法

测评

1. 知识测评

请确定关键词,按重要程度进行关键词排序并举例解读。根据自己的判断给关键词赋予权重,满分 100 分(表 1-32)。

表 1-32　渗氮后 38CrMoAlA 钢维氏硬度测试知识测评表

序号	关键词	举例解读	评分自定
1			
2			
3			
4			
5			

2. 技能测评

表中所列内容,操作规范即得分,操作错误或未操作即零分(表 1-33)。

表 1-33　渗氮后 38CrMoAlA 钢维氏硬度测试技能测评表

序号	技能点	配分	得分
1	维氏试样制备	20	
2	试验力选择	30	
3	维氏硬度计操作	30	
4	硬度读数	20	
总分	100		

3. 素质测评

表中所列素质点,做到即得分,未做到即零分(表 1-34)。

表 1-34　渗氮后 38CrMoAlA 钢维氏硬测试素质测评表

序号	素质点	配分	得分
1	学习纪律	20	
2	工具使用、摆放	20	
3	严谨认真、一丝不苟的精神	20	
4	互帮互助、团队精神	20	
5	实训环境“5S”	20	
总分	100		

项目二　20、45、T8、T10 钢试样退火、正火、淬火

项目描述

对 20、45、T8、T10 钢制试样退火、正火、淬火处理，对退火、正火、淬火后的试样完成硬度测试及组织观察，并判断组织的正确性。

引导语

金属材料只有通过热处理才能真正显示其无比的威力。热处理是一门古老的技艺，中国古代的热处理也举世瞩目，“擦渗”堪称一绝，是流传千百年的一项表面强化技艺，是将锻造、铸造与热处理三结合的形变热处理复合技艺。创新传统技艺、传承工匠精神，让古老的技艺为高品质的产品保驾护航。

职业知识

1. 知晓退火、正火、淬火的含义和作用
2. 掌握确定退火、正火、淬火加热温度，保温时间，冷却方式的原则和方法
3. 掌握退火、正火、淬火后的组织和硬度
4. 知晓箱式电阻炉的结构和操作规程

职业技能

1. 能够编制热处理工艺参数，并根据工艺参数完成退火、正火、淬火操作
2. 能够正确设置温度，按照电阻炉操作规程进行试样的加热操作
3. 能够正确选择硬度计测试退火、正火、淬火后试样的硬度
4. 能够对退火、正火、淬火后的试样进行金相试样制备
5. 能够使用金相显微镜观察热处理后的组织
6. 能够判断退火、正火、淬火后的硬度和组织是否正确
7. 自觉遵守国家标准和要求，保持试验环境“5S”，养成耐心细致的好习惯

载体

试验载体如图 2-1 所示。

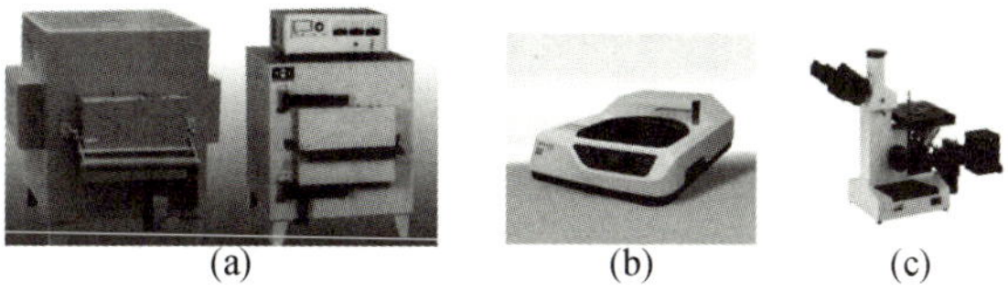
(a)　(b)　(c)

图 2-1　试验载体

任务1　箱式电阻炉的操作

认识箱式电阻炉的结构，知晓热电偶的测温原理，掌握温度的设置方法，能够正确完成箱式电阻炉的操作。

职业行动

步骤1：填写箱式电阻炉型号含义（图2-2）

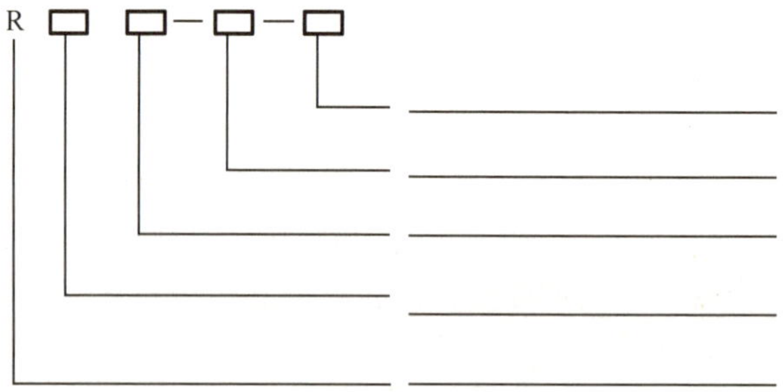

图2-2　箱式电阻炉型号含义

评价

☆☆☆☆☆

步骤2：指出箱式电阻炉各组成部分（图2-3）

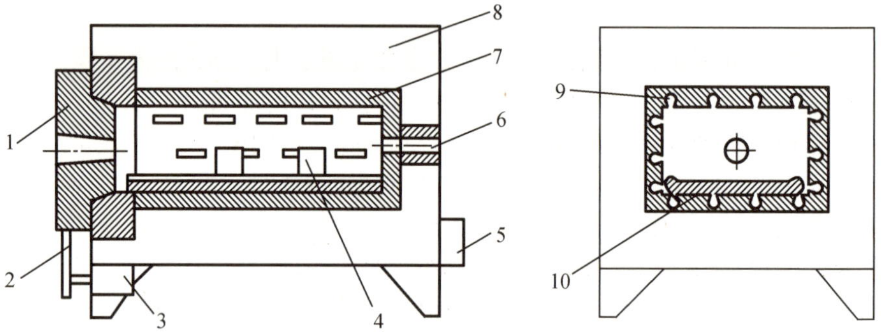

1—炉门；2—挡铁；3—控制开关；4—试样；5—接线盒；6—测温孔；7—加热室；8—隔热层；9—电热丝孔；10—炉底板。

图2-3　箱式电阻炉结构示意图

评价

☆☆☆☆☆

步骤3：填写箱式电阻炉各组成部分的名称，并写出测温用热电偶的型号（图2-4）

热电偶的型号：

补偿导线：

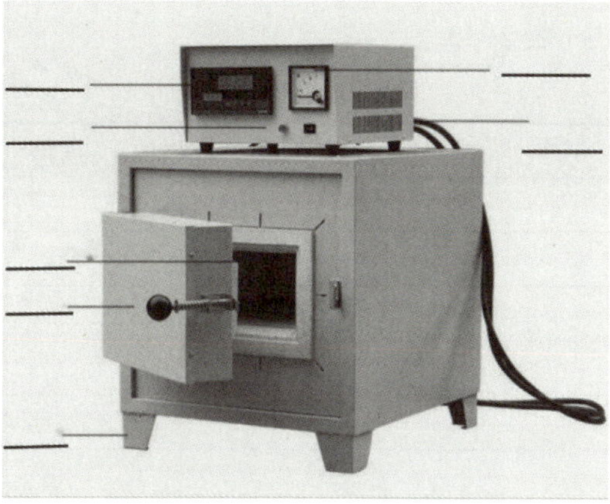

图 2-4　箱式电阻炉组成部分

评价

☆☆☆☆☆

步骤 4：写出箱式电阻炉温度设置的步骤（图 2-5）

图 2-5　箱式电阻炉温度设置

评价

☆☆☆☆☆

步骤 5：写出箱式电阻炉的操作步骤

箱式电阻炉的操作步骤：

①

②

③

④

⑤

⑥

评价

☆☆☆☆☆

步骤 6:写出试验安排(表 2-1)

表 2-1　试验安排

组别	试样	加热温度	时间	人员

评价

☆☆☆☆☆

职业知识

知识 1:箱式电阻炉的认知

电阻炉是利用电流通过电阻发热体后发出热能,传导给工件(或坩埚),使工件升至预定的温度的加热炉。各种以金属和非金属电热元件作供热体的热处理炉都属于此类炉子。

箱式电阻炉又称马弗炉,它是一种周期作业式加热炉,根据炉膛尺寸的大小可在试验室、生产企业进行退火、正火、淬火、回火等热处理加热用。

通用热处理电阻炉在我国已有系列产品,其型号采用汉语拼音字母和数字的组合的方式来表示,具体格式如下(图 2-6)。

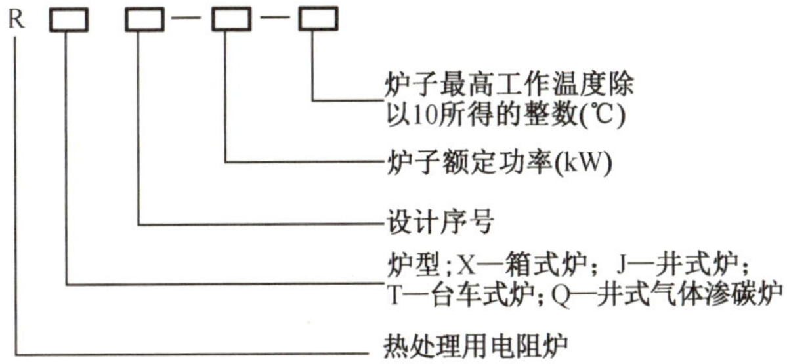

图 2-6　热处理电阻炉型号

例如,RJ2-65-9 井式电阻加热炉,其额定功率为 65 kW,最高使用温度为 950 ℃,有的型号最后还可以加上表示炉子气氛种类的字母,如 Q 表示通保护气体,D 表示可用滴注式保护气氛等。

知识 2:箱式电阻炉的结构

箱式电阻炉的结构主要由炉架、炉壳、炉衬、炉门装置、电热元件及辅助装置构成。炉架的作用是承受炉衬和工件的负载,通常由型钢焊接成一个框架,外包钢板(图 2-7)。

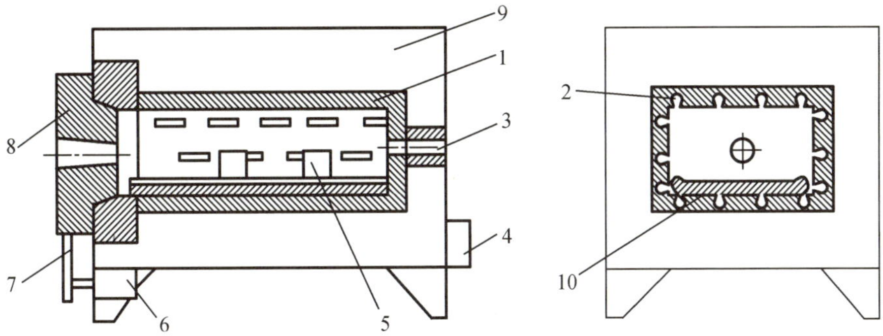

1—加热室;2—电热丝孔;3—测温孔;4—接线盒;5—试样;6—控制开关;7—挡铁;8—炉门;9—炉衬;10—炉底板。

图 2-7　箱式电阻炉结构示意图

(扫描观看箱式电阻炉的结构及使用微课视频)

炉衬的作用是保持炉膛温度,由耐火材料和保温材料组成,靠近电热元件的是耐火材料,紧靠外壳的是保温材料。内层采用耐火材料,如高铝砖砌的耐火层;中间层和外层采用保温材料,如用轻质薪土砖、硅藻土粉、蛙石粉或纤维制品等。炉门装置包括炉门及锁定保护装置,在炉门中央通常设计有观察孔。

电热元件常采用碳化硅棒、二硅化钼或金属合金。碳化硅棒加热温度可达 1 350 ℃,垂直或水平安装在炉腔的两侧,有的炉子安装在炉腔的顶部和底部。二硅化钼最高加热温度可达 1 600 ℃。

知识3：箱式电阻炉的测温仪表

温度是热处理工艺的重要参数，箱式电阻炉采用热电偶测量温度，小型箱式电阻炉用一只热电偶，大中型箱式电阻炉用多只热电偶，直接插入炉腔，以便监测炉腔内不同点的温度。通常情况下，温度小于1 000 ℃使用镍铬-镍硅(分度号K)的热电偶，大于1 000 ℃使用铂铑10-铂(分度号S)的热电偶。箱式电阻炉温度控制器连接示意图如图2-8所示。箱式电阻炉外形结构图如图2-9所示。

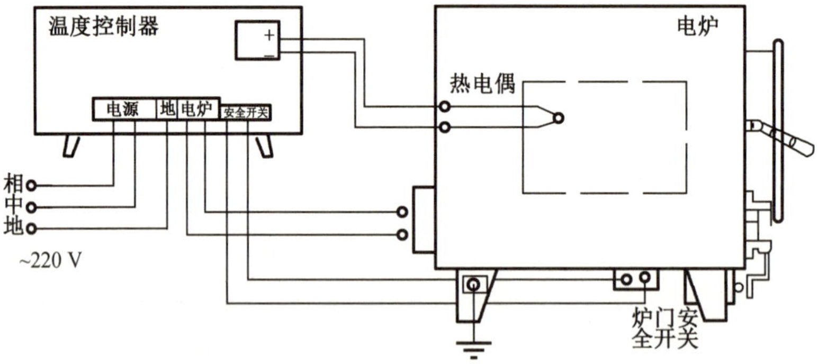

图2-8　箱式电阻炉温度控制器连接示意图(扫描观看测温仪表微课视频)

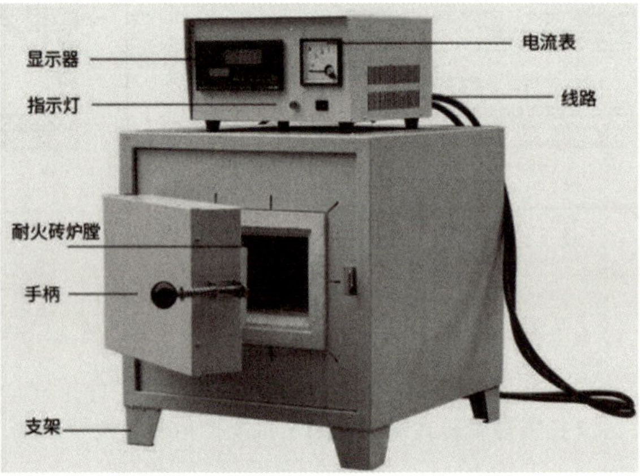

图2-9　箱式电阻炉外形结构图

知识4：箱式电阻炉加热温度的设置

箱式电阻炉温度显示面板图如图2-10所示。

仪表通电后进入显示状态，此时仪表上、下显示窗分别显示当前测量值(PV)和设定目标值(SV)。

接通电源时，在上显示窗(PV窗)显示炉内当前温度，按[▽]键下放，切换到设定值，按[◁]键可以移动小数点的位置，按[▽]键可以快速地增加/减少数值，调整个、十、百位数值的大小。

程序、参数设置完成后，按约 2 s，使仪表下显示器显示“RUN”的符号即可按照设定的升温程序启动运行控制。在停止状态下按键，将启动程序运行或解除保持的运行状态。

按键(数据增加键兼停止操作)保持约 2 s，使显示器显示“Stop”的符号即可，仪表将输出停止的控制信号，电阻炉停止加热。

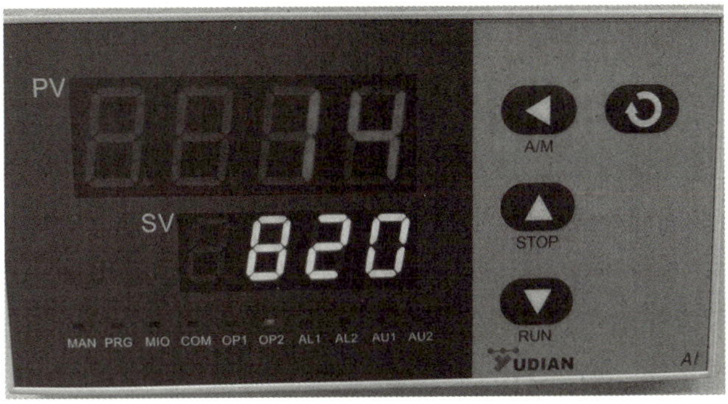

图 2-10　箱式电阻炉温度显示面板图

知识 5：箱式电阻炉操作步骤

1. 检查设备、仪表是否正常，并先将炉膛清理干净。

2. 为预防炉膛开裂，箱式电阻炉第一次使用或长时间不用再用时，必须做烘炉处理。烘炉操作：400°保持 1 h，600°保持 1 h，800°保持 1 h。

3. 正确设置加热温度，检查加热炉温度是否与试验要求相符。

4. 炉温达到要求后试样装炉。试样进炉时必须断电，试样放置时不得与炉内耐火砖及电阻丝碰撞。

5. 炉内试样应互相间隔，距离不小于试样直径或厚度，不允许堆放或靠近炉门。

6. 关闭炉门，当温度达到记温后，可以从控温仪表上读出，开始计算保温时间。

7. 试样经充分加热保温，断电后即可打开炉门，用夹钳夹迅速取出试样。

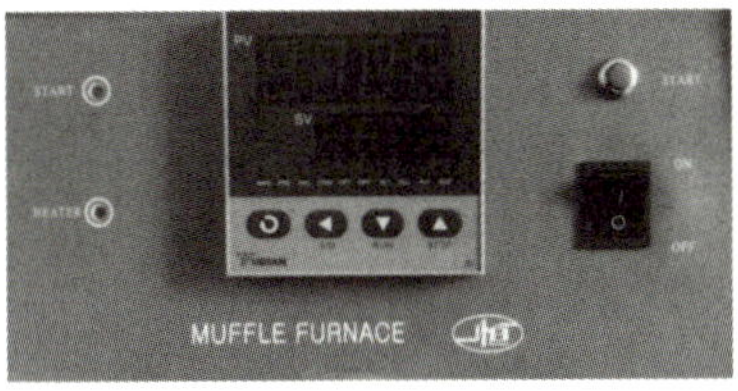

图 2-11　扫描观看测温仪表实训微课视频

任务 2　20、45、T8、T10 钢试样退火、正火、淬火

按照退火、正火、淬火加热温度、保温时间选择的原则，查阅 20、45、T8、T10 钢的临界温度，测量试样的有效厚度，确定 20、45、T8、T10 钢试样退火、正火、淬火的加热温度和保温时间，并进行退火、正火、淬火操作。

职业行动

步骤 1:退火、正火、淬火的含义和作用

退火:

退火的作用:

正火:

正火的作用:

淬火:

淬火的作用:

评价

☆☆☆☆☆

步骤 2:领取试样,查阅临界温度;测量硬度、试样尺寸(表 2-2)

表 2-2 测量结果

序号	材料	硬度				临界温度	尺寸
		1	2	3	平均		
1	20 钢						
2	45 钢						
3	T8 钢						
4	T10 钢						

评价

☆☆☆☆☆

步骤3:编制工艺参数,并绘制工艺曲线

每组共同完成一套试验。领取20钢、45钢、T8钢、T12钢试样一套。各组讨论并决定45钢、T8钢、T12钢试样的加热温度、保温时间、冷却方式,并绘制热处理工艺曲线。

图2-12　扫描观看20、45、T8钢试样退火、正火、淬火微课视频

20钢试样

加热温度:

退火　　　　正火　　　　淬火

保温时间:

退火　　　　正火　　　　淬火

冷却方式:

退火　　　　正火　　　　淬火

20钢试样退火、正火、淬火热处理工艺曲线(图2-13)。

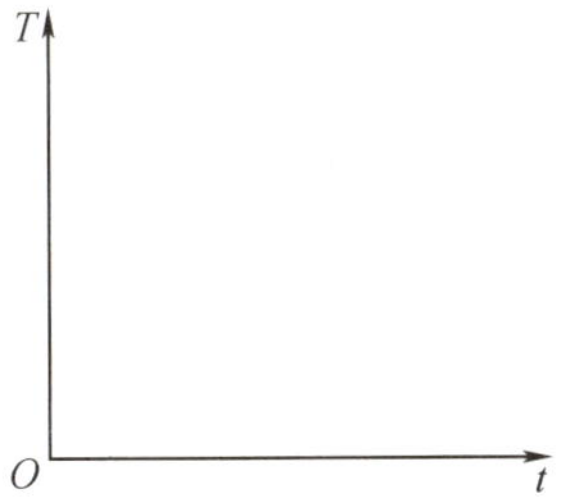

图2-13　20钢试样退火、正火、淬火热处理工艺曲线

评价

☆☆☆☆☆

45钢试样

加热温度：

退火　　正火　　淬火

保温时间：

退火　　正火　　淬火

冷却方式：

退火　　正火　　淬火

45 钢试样退火、正火工艺曲线（图 2-14）。

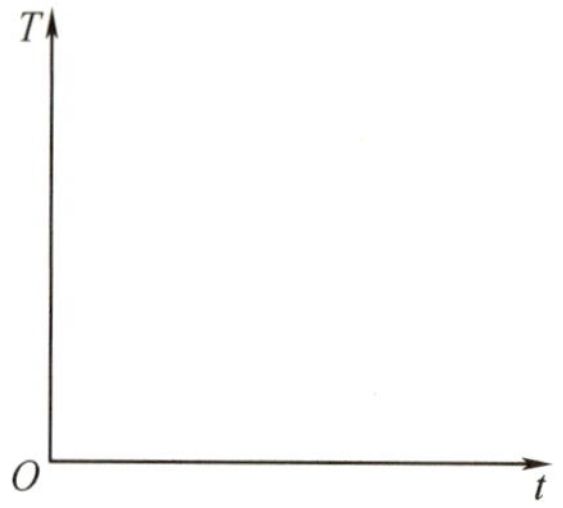

图 2-14　45 钢试样退火、正火工艺曲线

评价

☆☆☆☆☆

T8 钢试样

加热温度：

退火　　正火　　淬火

保温时间：

退火　　正火　　淬火

冷却方式：

退火　　正火　　淬火

T8 钢试样退火、正火、淬火工艺曲线(图 2-15)。

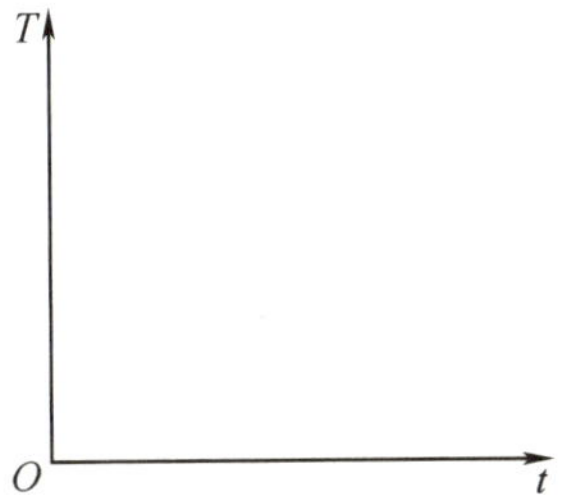

图 2-15　T8 钢试样退火、正火、淬火工艺曲线

评价

☆☆☆☆☆

T10 钢试样

加热温度：

退火　　正火　　淬火

保温时间：

退火　　正火　　淬火

冷却方式：

退火　　正火　　淬火

T10 钢试样退火、正火、淬火工艺曲线(图 2-16)

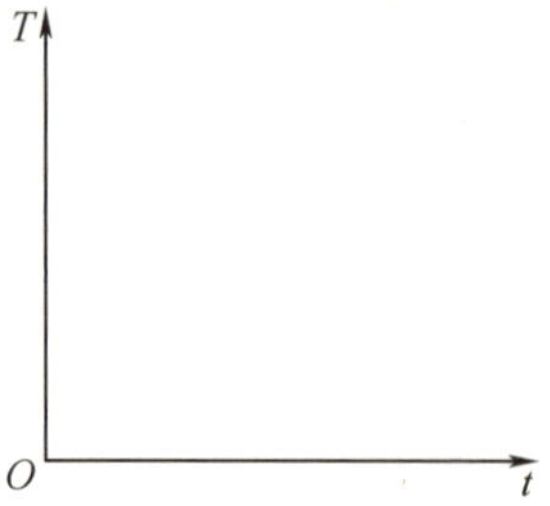

图 2-16　T10 钢试样退火、正火、淬火工艺曲线

图 2-17　扫描观看中国热处理发展史思政微课视频

评价

☆☆☆☆☆

步骤 4：填写工艺参数表，查阅资料写出不同热处理后的组织和硬度（表 2-3）

表 2-3　工艺参数表

序号	材料	处理状态	工艺参数			显微组织	硬度
			加热温度	保温时间	冷却方式		
1	20 钢试样	原材料					
2		完全退火					
3		正火					
4		淬火					
5	45 钢试样	原材料					
6		完全退火					
7		正火					
8		淬火					
9	T8 钢试样	原材料					
10		球化退火					
11		正火					
12		淬火					
13	T10 钢试样	原材料					
14		球化退火					
15		正火					
16		淬火					

评价

☆☆☆☆☆

步骤 5：对 20、45、T8、T10 钢试样进行退火、正火、淬火处理（图 2-18）。

根据工艺参数，完成退火、正火、淬火处理

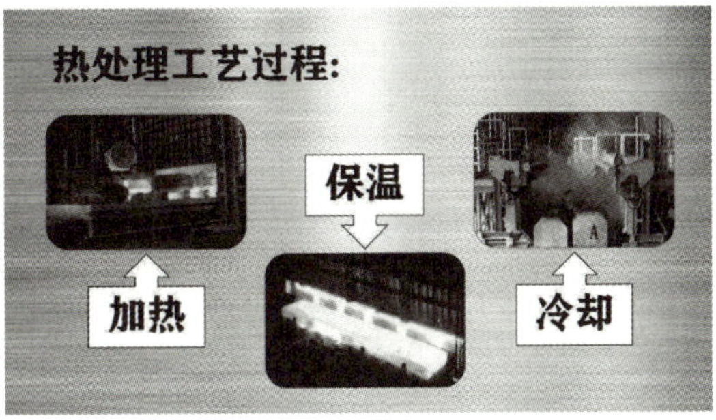

图 2-18　扫描观看退火、正火、淬火实训微课视频

测评

1. 知识测评

请确定关键词,按重要程度进行关键词排序并举例解读。根据自己的判断给关键词赋予权重,满分 100 分(表 2-4)。

表 2-4　箱式电阻炉操作知识测评表

序号	关键词	举例解读	评分自定
1			
2			
3			
4			
5			

2. 技能测评

表中所列内容,操作规范即得分,操作错误或未操作即零分(表 2-5)。

表 2-5　箱式电阻炉操作技能测评表

序号	技能点	配分	得分
1	箱式电阻炉结构	20	
2	热电偶的结构	30	
3	温度设置	30	
4	操作步骤	20	
总分		100	

3. 素质测评

表中所列素质点,做到即得分,未做到即零分(表 2-6)。

表 2-6　箱式电阻炉操作素质测评表

序号	素质点	配分	得分
1	学习纪律	20	
2	工具使用、摆放	20	
3	严谨认真、一丝不苟的精神	20	
4	工程意识、团队精神	20	
5	实训环境“5S”	20	
总分		100	

职业知识

知识 1:退火、正火、淬火的认知

钢的热处理是将钢加热到一定的温度,经一定时间的保温,然后以某一速度进行冷却,在加热、冷却的工艺过程中钢的组织会发生转变,从而导致性能发生改变。热处理是一种能够充分发挥金属材料性能潜力的重要工艺。

钢的退火通常是把钢加热到临界温度 A_{c1} 或 A_{c3} 以上,保温一段时间,然后缓缓地随炉冷却。此时,奥氏体在高温区发生分解而得到比较接受平衡状态的组织。

【目的】降低硬度,改善高碳钢的切削性能,获得球化体组织,同时为最终热处理做好组织准备。

正火是将钢加热到 A_{c3} 或 A_{cm} 以上 30~50 ℃,保温后进行空冷。由于冷却速度稍快,与退火组织相比,组织中的珠光体相对量较多,且片层较细密,所以性能有所改善。

【目的】细化晶粒,提高钢材硬度,消除钢材中的网状渗碳体,并为淬火、切削加工等后续工序作组织准备。

淬火就是将钢加热到 A_{c3}(亚共析钢)或 A_{c1}(过共析钢)以上 30~50 ℃,保温后放入各种不同的冷却介质中快速冷却(V 应大于 V_K),以获得马氏体组织。碳钢经淬火后的组织由马氏体及一定数量的残余奥氏体所组成。

【目的】使钢件得到马氏体(或贝氏体)组织,提高钢件的硬度和强度,与回火工艺合理配合,更好地发挥钢材的性能潜力。

知识 2:20、45、T8、T10 钢的临界温度

从铁碳相图中可知,所有成分的碳钢加热到 A_{c1} 以上都要发生珠光体向奥氏体转变,当加热到 A_{c3} 或 A_{cm} 以上,珠光体全部转变为奥氏体,热处理的加热过程目的就是为了获得奥氏体组织,这个过程称为“奥氏体化”,获得单相奥氏体的过程称为完全奥氏体化,获得部分奥氏体加先共析相的过程称为不完全奥氏体化。在加热过程中发生相变的温度称为临界温度,A_{c1}、A_{c3}、A_{cm} 都是临界温度,热处理的加热温度是根据材料的临界温度进行确定的。

表 2-7 列出了本试验所用材料的临界温度。

表 2-7　常用碳钢的临界点

钢号	临界点(近似值)℃		
	A_{c1}	A_{c3}	A_{cm}
20	724	790	
45	724	780	
T8	730		800
T10	730		822

在热处理过程中冷却也是极其重要的过程,对于碳钢来说,退火采用炉冷,正火采用空冷,冷却速度不同可以获得不同组织,组织不同材料的性能也不相同。表 2-8 列出了退火及正火状态下的机械特性。

表 2-8　碳钢在退火及正火状态下的机械特性

性能	热处理状态	含碳量/%		
		≤0.1	0.2~0.3	0.4~0.6
HB 硬度	退火	~120	150~160	180~230
	正火	130~140	160~180	220~250
强度 σ_b/(MN/m^2)	退火	300~330	420~500	560~670
	正火	340~360	480~550	660~760

知识 3:退火、正火、淬火工艺参数的选择

普通热处理的基本操作有退火、正火、淬火、回火等。加热温度、保温时间和冷却方式是热处理最重要的三个基本工艺因素。正确合理选择这三者的工艺规范,是热处理质量的基本保证。

1. 加热温度的确定

完全退火:亚共析钢加热至 A_{c3}+(30~50)℃;

球化退火:共析钢和过共析钢加热至 A_{c1}+(20~30)℃,

正火:亚共析钢加热至 A_{c3}+(50~70)℃;

过共析钢加热至 A_{cm}+(50~70)℃,即加热到奥氏体单相区。

淬火:亚共析钢加热至 A_{c3}+(30~50)℃;

共析钢和过共析钢则加热至 A_{c1}+(30~50)℃,

退火和正火加热温度范围选择见图 2-19,加热温度范围选择见图 2-20。

淬火按加热温度可分为两种:加热温度高于 A_{c3} 时的淬火为完全淬火;加热温度在 A_{c1} 和 A_{c3}(亚共析钢)或 A_{c1} 和 A_{cm}(过共析钢)之间是不完全淬火。在完全淬火时,钢的淬火组

织主要由马氏体组成；在不完全淬火时亚共析钢得到马氏体和铁素体组成的组织，过共析钢得到马氏体和渗碳体的组织。亚共析钢用不完全淬火是不正常的，因为这样不能达到最高硬度。而过共析钢采用不完全淬火则是正常的，这样可使钢获得最高的硬度和耐磨性。

在适宜的加热温度下，淬火后得到的马氏体呈细小的针状；若加热温度过高，其形成粗针状马氏体，使材料变脆甚至可能在钢中出现裂纹。

2. 保温时间的确定

为了使工件内外各部分温度均达到指定温度，并完成组织转变，使碳化物溶解奥氏体成分均匀化，必须在热处理加热温度下保温一定的时间。通常将工件升温和保温所需时间算在一起，统称为加热时间。

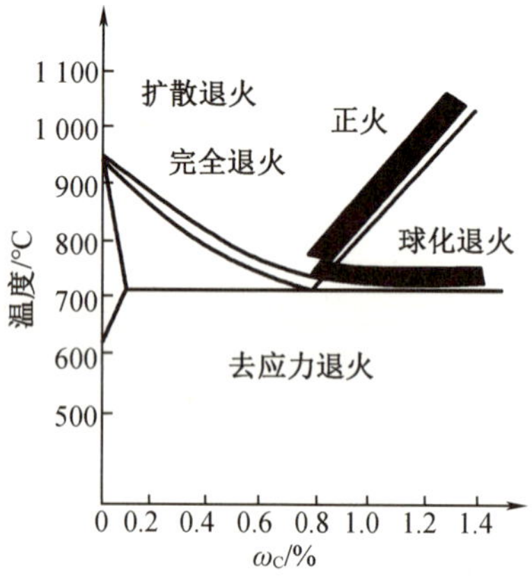

图 2-19　退火和正火的加热温度范围

（扫描观看退火、正火、微课视频）

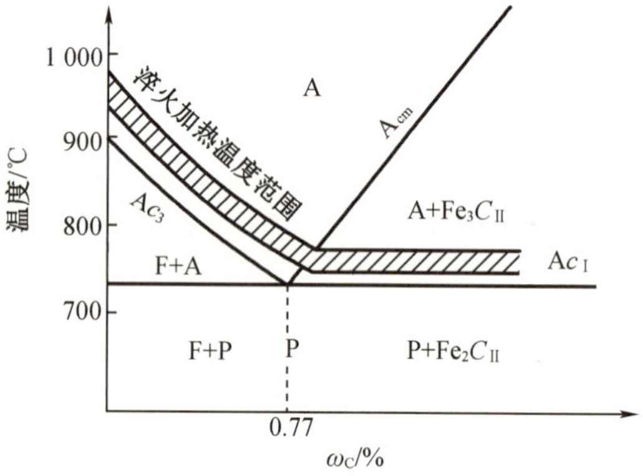

图 2-20　淬火的加热温度范围

（扫描观看淬火回火微课视频）

热处理加热时间考虑工件的尺寸和形状、所使用的加热设备及装炉量、装炉时炉子的温度、钢的成分和原始组织、热处理的要求和目的，等等。

对钢件在电炉中保温时间的数据可参考表 2-9 和表 2-10。

表 2-9　钢件在电炉中的保温时间选择参考数据

材料	工件厚度或直径/mm	保温时间/min
碳钢	<25	20
	25～50	45
	50～75	60
低合金钢	<25	25
	25～50	60
	50～75	60

注意：当工件厚度或直径小于 25 mm 时，可按每毫米保温 1 min 计算。

表 2-10　碳钢在箱式电阻炉中的加热保温时间

加热温度℃	加热保温总时间/min	
	圆形试样每 1 mm 直径	方形试样每 1 mm 边长
600	2.0	3.0
700	1.5	2.2
800	1.0	1.5
900	0.8	1.2
1 000	0.4	0.6

实际工作中常根据经验大致估算加热时间。一般规定,在空气介质中,升到规定温度后的保温时间,对碳钢来说,按工件厚度(或直径)每毫米一分钟到一分半钟估算;合金钢按每毫米两分钟估算。在盐浴炉中,保温时间则可缩短 1~2 倍。

3. 冷却方式和方法

热处理时冷却方式(冷却速度)影响着钢的组织和性能。选择适当的冷却方式,才能获得所要求的组织和性能。

退火一般采用随炉冷却。

碳钢正火一般采用空冷。

碳钢淬火一般采用水冷。

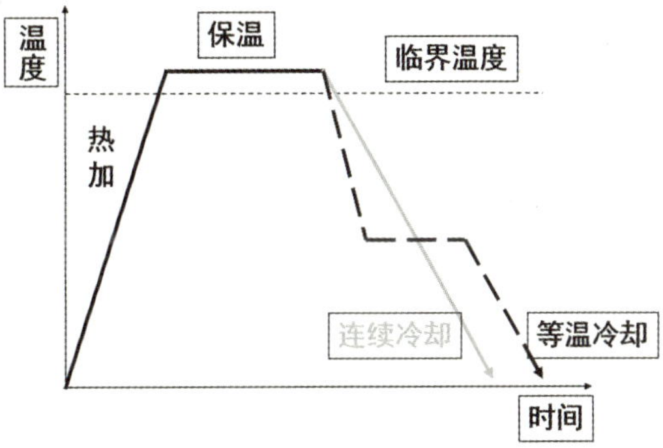

图 2-21　扫描观看热处理工艺参数的选择微课视频

知识 4:退火、正火、淬火工艺操作

按照确定的加热温度、保温时间,进行退火、正火、淬火操作

操作步骤:

1. 检查设备、仪表是否正常,并先将炉膛清理干净。

2. 调整好控温装置,炉温达到要求后将试样装炉,关闭炉门,当温度达到加热温度后,开始计算保温时间。装取试样时炉子要断电,装取试样后炉门要及时关好,并立即通电。

3. 试样经充分加热保温后,即可打开炉门,进行空冷、水冷和炉冷。保温时要注意温度控制仪表是否正常,以免跑温或升温太慢,发现问题应报告老师检查。

4. 淬火冷却时,将试样迅速入水,并不停地移动试样,且不要拿出液面。

5. 完成全部热处理操作后,关闭电源。

知识 4:退火、正火、淬火后的组织

亚共析成分的碳钢(如 40、45 钢等)一般采用完全退火,经退火后可得到接近于平衡状态的组织,图 2-22 所示。过共析成分的碳素工具钢(如 T10、T12 钢等)一般采用球化退火,T10 钢经球化退火后组织中的二次渗碳体及珠光体中的渗碳体都将变成颗粒状,如图 2-24

所示。图中均匀而分散的细小粒状组织就是粒状渗碳体。

45 钢经正火后的组织通常要比退火的细,珠光体的相对含量也比退火组织中的多,如图 2-25 所示,原因在于正火的冷却速度稍大于退火的冷却速度。

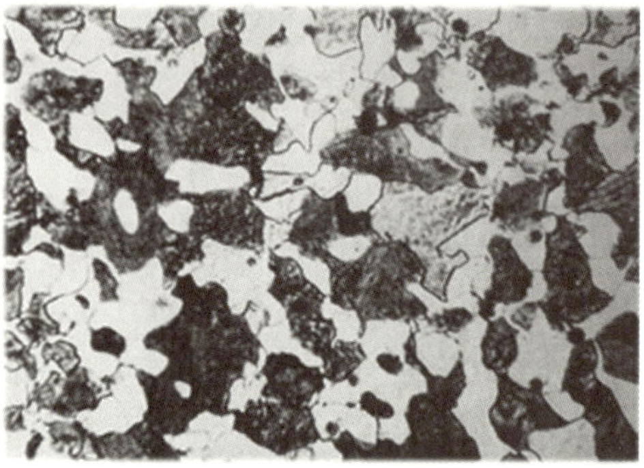

图 2-22　45 钢的完全退火组织(F+P)200X
(扫描观看热处理后的组织和性能微课视频)

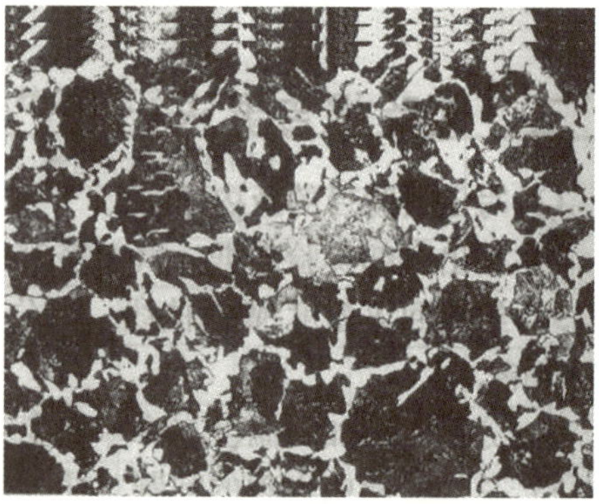

图 2-23　45 钢正火组织 400X

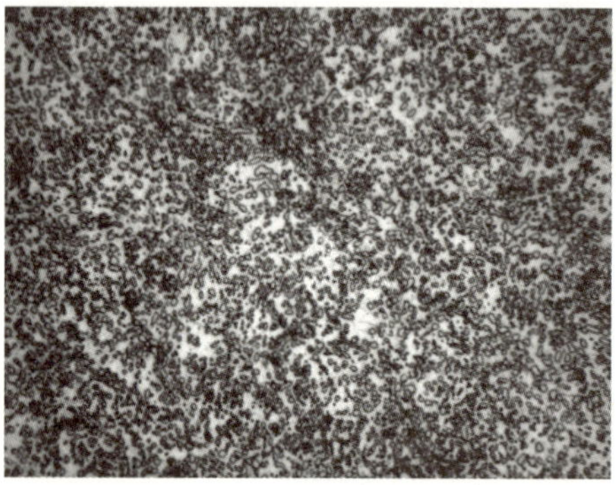

图 2-24　T10 钢的球化退火组织 400X

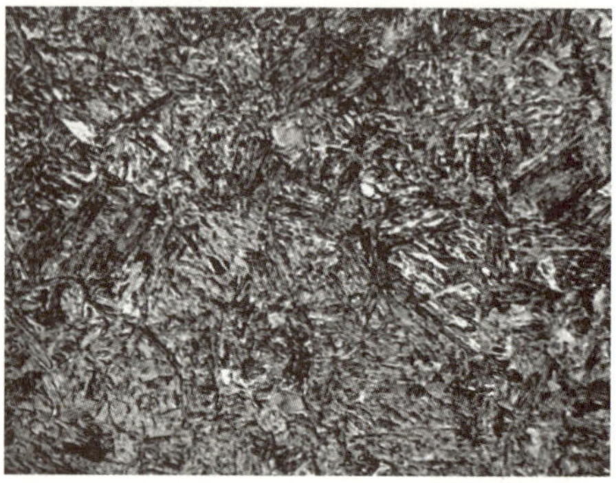

图 2-25　45 钢正常淬火组织 400X

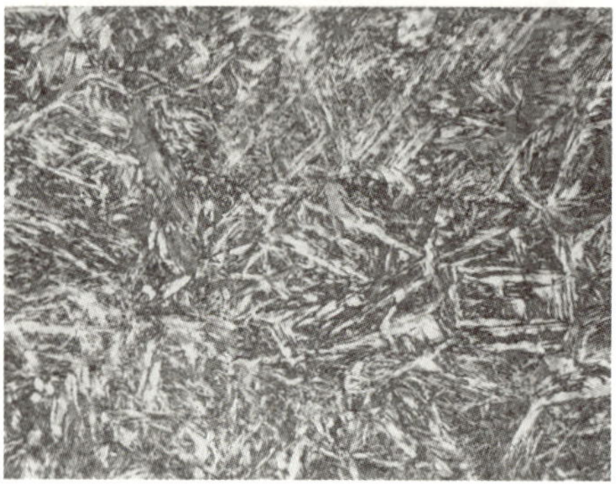

图 2-26　T10 钢在正常温度淬火后的显微组织

图 2-27　T10 钢过热淬火组织

知识拓展

结果 1:使用正确的硬度计测量热处理后试样的硬度(表 2-11)

表 2-11　热处理后结果

序号	材料	处理状态	组织	硬度			
				1	2	3	平均
1	20 钢	完全退火					
2	20 钢	正火					
3	20 钢	淬火					
4	45 钢	完全退火					
5	45 钢	正火					
6	45 钢	淬火					
7	T8 钢	球化退火					
8	T8 钢	正火					
9	T8 钢	淬火					
10	T10 钢	球化退火					
11	T10 钢	正火					
12	T10 钢	淬火					

评价

☆☆☆☆☆

结果 2:使用预磨机、抛光机进行金相试样的制备

试样照片

20 钢　　45 钢

T8 钢　　T10 钢

评价

☆☆☆☆☆

结果 3:使用金相显微镜观察组织并拍摄照片,并注明材料、热处理工艺、放大倍数、腐蚀剂、组织名称等。

显微组织照片

20 钢　　45 钢

T8 钢　　T10 钢

评价

☆☆☆☆☆

思考题

1. 根据试验结果，对于含碳量相同的试样分析冷却速度对钢性能的影响

2. 根据试验结果，对于处理方法相同的试样，分析含碳量对钢性能的影响。

评价

☆☆☆☆☆

测评

1. 知识测评

请确定关键词，按重要程度进行关键词排序并举例解读。根据自己的判断给关键词赋予权重，满分 100 分（表 2-12）。

表 2-12 20、45、T8、T10 钢试样退火、正火、淬火知识测评表

序号	关键词	举例解读	评分自定
1			
2			
3			
4			
5			

2. 技能测评

表中所列内容，操作规范即得分，操作错误或未操作即零分（表 2-13）。

表 2-13　20、45、T8、T10 钢试样退火、正火、淬火技能测评表

序号	技能点	配分	得分
1	井式电阻炉	20	
2	退火工艺及操作	30	
3	正火工艺及操作	30	
4	淬火工艺及操作	20	
总分		100	

3. 素质测评

表中所列素质点，做到即得分，未做到即零分（表 2-14）。

表 2-14　20、45、T8、T10 钢试样退火、正火、淬火素质测评表

序号	素质点	配分	得分
1	学习纪律	20	
2	工具使用、摆放	20	
3	严谨认真、一丝不苟的精神	20	
4	工程意识、团队精神	20	
5	实训环境“5S”	20	
总分		100	

项目三　45 钢试样淬火与回火

项目描述

对 45 钢在不同加热温度、不同冷却介质下进行淬火处理，对淬火后的试样完成硬度测试及组织观察，并总结加热温度和冷却介质对性能的影响；对 45 钢淬火后的试样进行回火处理，观察回火温度对性能的影响。

引导语

热处理技术是金属材料改性的孵化器，它可以使产品的内在品质更加完美。“品”是积累、是坚守，是迈向巅峰的过程，“质”是专注、是专业，是打开匠心之门的钥匙，在材料人的字典里，对精益求精的研读，体现在生产线上的每一个环节。

职业知识

1. 掌握加热温度对淬火后材料组织和性能的影响
2. 理解理想冷却介质的冷却特性要求，知晓不同冷却介质的冷却特性
3. 掌握冷却介质对材料淬火后组织和性能的影响
4. 掌握回火温度对组织和性能的影响

职业能力

1. 学会 45 钢、T10 钢在不同加热温度下淬火操作
2. 能够配制淬火使用的盐水溶液
3. 完成 45 钢在不同冷却介质中的淬火操作
4. 完成 T8 钢水淬后不同温度的回火操作
5. 能够熟练使用洛氏硬度计测量淬火、回火后试样的硬度
6. 能够对淬火、回火后的试样进行金相试样制备并判断组织是否正确
7. 能够熟练使用金相显微镜观察热处理后的组织
8. 能够在操作过程中考虑组织生产的合理性和经济性

载体

试验载体如图 3-1 所示。

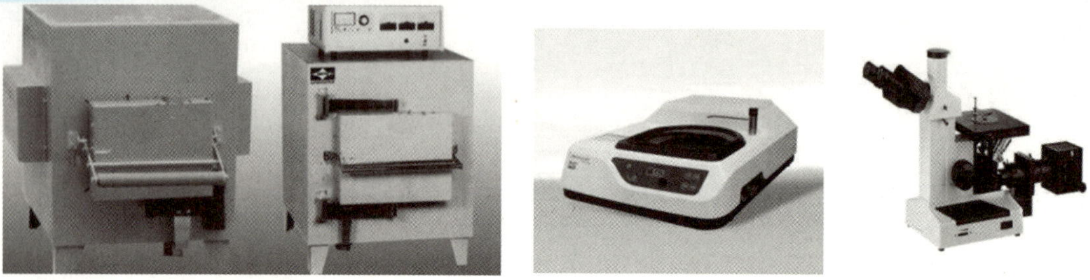

(a) (b) (c)

图 3-1 试验载体(扫描图 3-1(a))观看 45 钢不同加热温度淬火实训微课视频

任务 1 45 钢试样不同温度下的淬火

按照欠热、正常、过热的加热温度对 45 钢制试样进行淬火,淬火后进行硬度测试和金相观察,掌握加热温度对淬火后材料组织和性能的影响。

职业行动

步骤 1:写出加热温度与组织的关系(表 3-1)

表 3-1 加热温度与组织

材料	加热温度	加热后组织	淬火组织
亚共析钢	A_{c3} 以上 30~50 ℃		
	A_{c1}~A_{c3} 之间		
	A_{c1} 以下		
共析钢 过共析钢	A_{cm} 以上		
	A_{c1}+(30~50 ℃)		
	A_{c1} 以下		

评价

☆☆☆☆☆

步骤 2:领取试样,制定工艺参数

1. 选用 45 钢试样在 700 ℃、820 ℃、860 ℃、950 ℃四个不同温度加热,进行水淬。
2. 根据学生分组情况的要求,准备好试样,学生分到试样后,按要求用钢字头打号。
3. 查阅临界温度,测量试样尺寸。
4. 操作前应组织学生学习有关安全守则。

在下表中填写热处理试验的工艺参数(表 3-2)

表 3-2 热处理试验的工艺参数

材料	临界温度		加热温度	保温时间	冷却介质	试样尺寸
	A_{c1}	A_{c3}				
45 钢						
45 钢						
45 钢						
45 钢						

评价

☆☆☆☆☆

步骤 3:按照工艺参数完成淬火操作

操作步骤:

1. 检查设备、仪表是否正常,并先将炉膛清理干净。

2. 检查加热炉温度是否与试验要求相符。如发现问题,应在指导教师指导下进行调整。

3. 炉温达到要求后试件装炉,为了使各试样的编号与其热处理工艺相一致,应按照一定的顺序向加热炉内放置试样。加热保温完毕,再按一定顺序出炉冷却。

4. 炉内试样应互相间隔,距离不小于试样直径或厚度。不允许堆放或靠近炉门。

5. 关闭炉门,当温度达到记温后,可以从控温仪表上读出,开始计算保温时间。

6. 试样经充分加热保温后,即可打开炉门,用夹钳夹试样迅速在水槽中冷却,并使试样在淬火介质中不断运动。

7. 淬火时不慎将试样掉在地上,应将试样重新加热一段时间后淬火冷却。

8. 完成全部热处理操作后,关闭电源。

写出试验安排(表 3-3)

表 3-3 试验安排

组别	试样	时间	人员

评价

☆☆☆☆☆

职业知识

知识 1:淬火工艺

淬火是将钢加热到临界点 A_{c1},或 A_{c3} 以上某一温度,经过上当保温后,快速冷却,以得到马氏体组织,从而显著提高碳钢的强度和硬度。加热温度,保温时间和冷却速度是影响淬火质量的重要工艺参数。

亚共析钢淬火时,要加热到 A_{c3} 以上 30~50 ℃,经适当保温后,得到均匀细小的奥氏体。当在水中快冷时,就回得到均匀细小的条状、片状马氏体,及少量残余奥氏体。如果加热温度过高,会得到粗大的奥氏体晶粒,淬火后得到的马氏体晶粒也粗大。粗大的马氏体组织使钢的韧性下降,具有这种组织的零件或工模具在工作过程中容易发生脆断现象。若加热温度选在 A_{c1}~A_{c3} 之间,则碳钢的高温组织为奥氏体加铁素体,淬火冷却后的组织为马氏体加铁素体。由于铁素体的存在,显著减小了钢的强化效果。淬火的过热组织和欠热组织都是因淬火温度选择不当形成的。

过共析钢的淬火温度为 A_{c1}+(30~50 ℃)此时得到细小的奥氏体加未溶的颗粒状二次渗碳体。淬火后的组织为马氏体加渗碳体,也有少量残余奥氏体。如果淬火温度选在 A_{cm} 以上,则钢中二次渗碳体全部溶入奥氏体。淬火冷却后,除得到粗大的片壮马氏体外,还会得到较多的残余奥氏体。作为强化相的未溶渗碳体没有了而硬度低的残余奥氏体增多了。所以过共析钢过热淬火组织的硬度、耐磨性和韧性都不如正常淬火的组织,对于共析钢,其正常淬火温度当然是 A_{c1}+(30~50 ℃)。

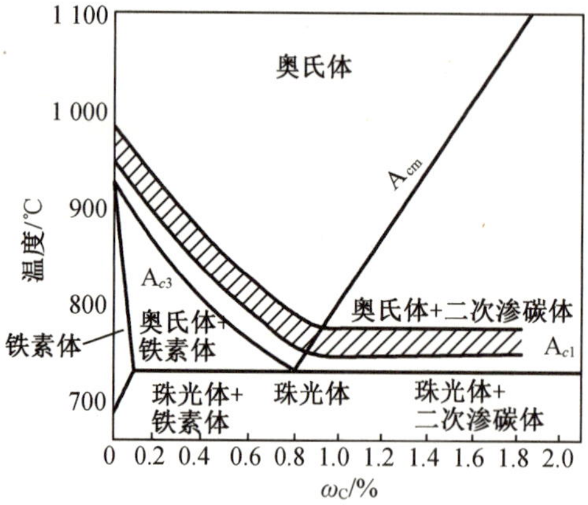

图 3-2 临界温度组织转变图

知识 2:加热温度对热处理组织的影响

加热温度是保证淬火质量的重要一环,淬火加热温度主要取决于钢的含碳量,对亚共析钢,其加热温度应选择在 A_{c3}+30~50 ℃,若加热温度不足(低于 A_{c3})则淬火组织中将出现铁素体而造成强度及硬度的降低,过高的加热温度,不仅无助于强度硬度的增加,反而会由于产生过多的残余奥氏体而导致硬度及耐磨性的下降,需要指出,不论在退火、正火及淬火时,均不能任意提高加热温度,温度过高晶粒容易长大,而且增加、氧化、脱碳和变形的倾向。

知识3:保温时间的选择

为了使淬火加热组织(奥氏体)充分转变,并使其具有均匀的碳浓度,碳钢加热到淬火温度后,还应有一定的保温时间(表3-4)。在试验室中,将加热炉升温到淬火温度,再向炉内装入试样进行加热。当试样升温至炉温(即淬火温度)相同时,即进入保温阶段。开始计算保温时间,保温时间与试样的有效尺寸(直径和厚度)有关。在箱式电阻炉中加热试样的加热保温"总时间"即试样自装炉到出炉的总时间。如果装炉试样较多,可能出现试样的相互接触甚至堆集情况时,应适当延长加热保温总时间。

表3-4　碳钢在箱式电阻炉中的加热保温时间

加热温度/℃	加热保温总时间/min	
	圆形试样每1 mm直径/mm	方形试样每1 mm边长/mm
600	2.0	3.0
700	1.5	2.2
800	1.0	1.5
900	0.8	1.2
1 000	0.4	0.6

知识4:冷却速度的选择

淬火冷却是淬火工艺中最为关键的工序,淬火介质必须保证淬火后得到马氏体组织,要求淬火介质有足够的冷却速度。从钢的C曲线可知,钢加热至奥氏体后,只有冷却速度大于临界冷却速度时才能获得马氏体组织,但过快的冷却速度将产生巨大的淬火应力,引起工件的变形和开裂。

淬火的冷却方法非常重要。冷却速度是钢在淬火过程中最主要的因素,它直接影响淬火产物和性能。一方面冷却速度要大于临界冷却速度,以保证全部得到马氏体组织;另一方面冷却应尽量缓慢,以减少内应力,避免工件变形和开裂。为了解决上述矛盾,可以采用不同的冷却介质和冷却方法,使淬火工件在奥氏体最不稳定的温度范围内(550~650 ℃)快冷,超过临界冷却速度,以防珠光体类型转变发生;而在马氏体转变区域范围内(100~300 ℃),则冷却减慢,以减少淬火工件产生的应力。理想的冷却速度如图3-3所示。

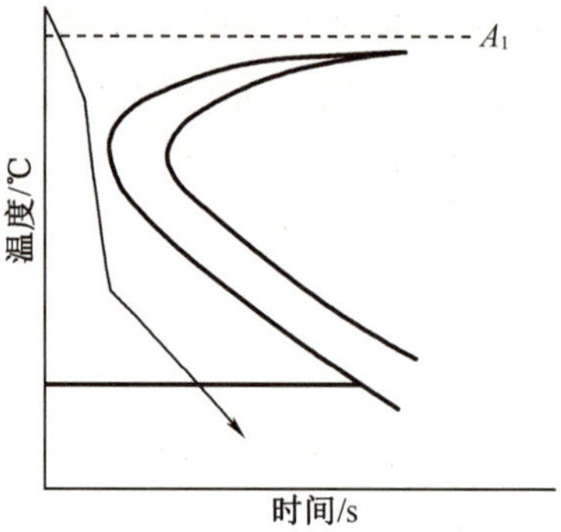

图 3-3 淬火时的理想冷却曲线示意图

淬火介质不同,其冷却能力不同,因而工件的冷却速度也就不同。合理选择冷却介质是保证淬火质量的关键。对于碳钢来说,用室温的水作淬火介质通常能保证得到较好的结果。

目前常用的淬火介质和它们冷却能力见表 3-5。

表 3-5 常用的淬火介质和其冷却能力数据

淬火介质	冷却速度/ ℃/s	
	在 450~650 ℃区间内	在 200~300 ℃区间内
水(18 ℃)	600	270
水(20 ℃)	500	270
水(50 ℃)	100	270
水(74 ℃)	30	270
10%苛性钠水溶液(18 ℃)	1 200	300
10%氯化钠水溶液(18 ℃)	110	300
50 ℃矿物油	150	30

知识拓展

1. 绘出钢的含碳量、淬火温度与硬度的关系曲线。
2. 分析 45 钢淬火后应获得什么组织及出现网状屈氏体的原因。
2. 热处理冷却时,搅拌速度会影响组织及性能吗?为什么?

试验结果

结果 1:使用洛氏硬度计测量淬火试样的洛氏硬度。

试样在测定硬度前,用砂布打磨试样的被测表面和支撑面,记录硬度测定结果(表 3-6)。

表 3-6　硬度测定结果

材料	加热温度/℃	硬度				规律
		1	2	3	平均	
45 钢	700					
	820					
	860					
	920					
T12 钢	760					
	920					

评价

☆☆☆☆☆

结果 2:按照试样制备方法磨制金相试样。

试样 1　　试样 2

试样 3　　试样 4

评价

☆☆☆☆☆

结果 3:观察热处理后的显微组织,检查质量。

试样 1　　试样 2

试样 3　　试样 4

评价

☆☆☆☆☆

知识拓展

1.

2.

测评

1. 知识测评

请确定关键词,按重要程度进行关键词排序并举例解读。根据自己的判断给关键词赋予权重,满分 100 分(表 3-7)。

表 3-7　45 钢试样不同温度下的淬火知识测评表

序号	关键词	举例解读	评分自定
1			
2			
3			
4			
5			

2. 技能测评

表中所列内容,操作规范即得分,操作错误或未操作即零分(表 3-8)。

表 3-8　45 钢试样不同温度下的淬火技能测评表

序号	技能点	配分	得分
1	淬火操作	20	
2	洛氏硬度计操作	30	
3	金相制备操作	30	
4	金相显微镜操作	20	
总分		100	

3. 素质测评

表中所列素质点，做到即得分，未做到即零分(表 3-9)。

表 3-9　45 钢试样不同温度下的淬火素质测评表

序号	素质点	配分	得分
1	学习纪律	20	
2	工具使用、摆放	20	
3	严谨认真、一丝不苟的精神	20	
4	工程意识、团队精神	20	
5	实训环境“5S”	20	
总分		100	

任务 2　45 钢在不同冷却介质中的淬火

按照正常的加热温度对 45 钢制试样进行加热，加热后在不同介质中进行冷却，淬火后进行硬度测试和金相观察，掌握冷却介质对淬火后材料组织和性能的影响。

职业行动

步骤 1：写冷却速度与组织的关系，预判淬火后硬度(表 3-10)

表 3-10　冷却速度与组织

材料	加热温度/℃	冷却介质	加热后组织	冷却后组织	预估硬度
45 钢	820	空气			
	820	油冷			
	820	水冷			
	820	盐水			

评价

☆☆☆☆☆

步骤 2:领取试样,制定工艺参数

1. 选用 45# 钢试样在 820 ℃加热,分别进行空冷、油冷、水冷、盐水冷却处理。
2. 根据学生分组情况的要求,准备好试样,学生分到试样后,按要求用钢字头打号。
3. 查阅临界温度,测量试样尺寸
4. 操作前应组织学生学习有关安全守则。

在下表中填写热处理试验的工艺参数(表 3-11)

表 3-11 热处理试验的工艺参数

材料	临界温度		加热温度	保温时间	冷却介质	试样尺寸
	A_{c1}	A_{cm}				
45 钢						

评价

☆☆☆☆☆

步骤 3:按照工艺参数完成 45 钢不同介质中淬火操作

写出操作步骤:

①

②

③

④

⑤

⑥

⑦

⑧

写出试验安排(表 3-12)

表 3-12　试验安排

组别	试样	时间	人员

评价

☆☆☆☆☆

职业知识

知识 1:冷却速度对组织的影响

冷却速度是碳钢淬火过程中极重要的工艺规范。冷却速度不同,奥氏体的转变产物也不同。由下图可以看出,水冷时的冷却速度大于临界冷却速度 VK ,冷却后得到马氏体组织,硬度最高;在油中冷却时,得到马氏体加屈氏体混合组织,其淬火硬度比水冷试样的淬火硬度低一些;而冷却是在空气或炉中进行时,奥氏体则完全分解为索氏体或珠光体,硬度进一步降低。

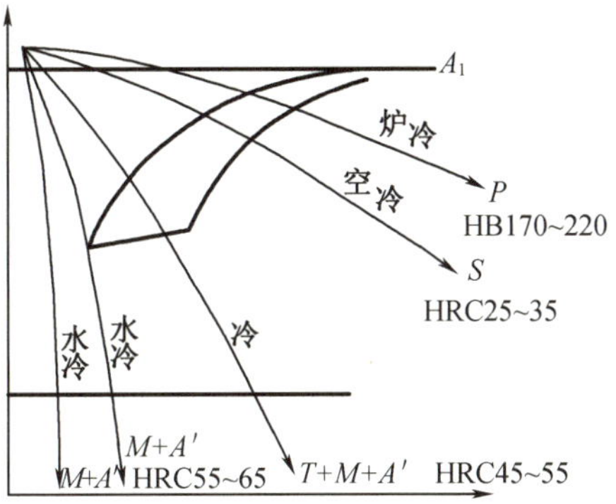

图 3-4　共析钢连续冷却时的转变产物和性能

(扫描观看 45 钢不同冷却方式淬火实训微课视频)

知识 2:冷却介质

钢的冷却速度可以通过选择不同的冷却介质来控制。淬火介质不同,其冷却能力不同,因而工件的冷却速度也就不同。合理选择冷却介质是保证淬火质量的关键。

淬火理想的冷却介质要求在C曲线的鼻尖处具有较快的冷却速度以防止发生珠光体或贝氏体转变;一般用冷却介质的特性温度来评价淬火介质的冷却能力。冷却介质的“特性温度”:蒸汽膜破裂的温度(B点)。

碳钢的奥氏体稳定性差,临界冷却速度大,通常要在冷却能力强的冷却介质中冷却才能得到马氏体组织,自来水和10%氯化钠水溶液是常用的碳钢淬火冷却介质。必须注意,水和水溶液的温度一般不能超过40 ℃,否则会降低其冷却能力。操作过程中如果因为不断的淬火冷却而使水温超过40 ℃时,则必须更换冷却水。

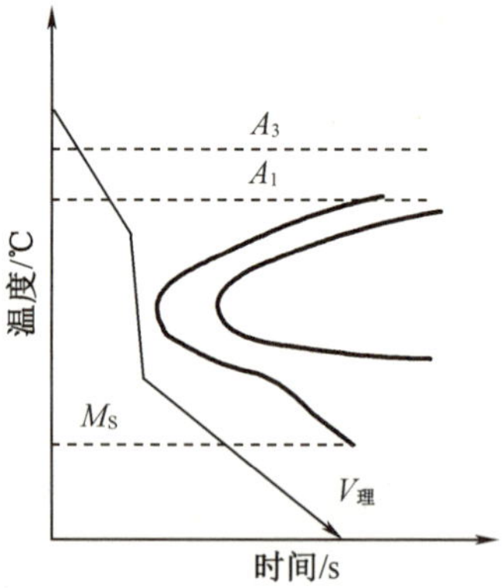

图3-5 理想的淬火介质的冷却特性

知识3:常用的冷却介质

水

水不是理想的冷却介质,水的特性温度较低,20 ℃的水蒸气膜破裂特性温度约为300 ℃,水在“鼻尖”附近正处于蒸汽膜阶段,冷速较小不利于淬火工件躲过“鼻尖”,在马氏体转变区的冷却能力却很强,容易引起工件淬火畸变、开裂。在淬火操作过程中,常采用搅拌和流动水促使蒸汽膜破裂,改善水的冷却特性。

油

全损耗系统用油在旧标准中称为机械油,简称机油。全损耗系统用油用L—AN表示,其后的数字表示40 ℃时油的运动粘度,括号内数字是相应的旧牌号。牌号越大,表示黏度越大。

淬火常用全损耗系统用油有:

L-AN15(10号机油)

L-AN22(20号机油)

L-AN46(40号机油)

L-AN100(50号机油)

盐水

常用盐水的浓度在5%~15%。使用温度为20~40 ℃。盐水的冷却能力在高温区比水高很多，在 200～300 ℃也比水强，但在 200 ℃以下与水相近，故畸变倾向一般并不比水大。水中的盐或碱在工件表面析出并发生小爆炸，导致蒸汽膜破裂，使蒸汽膜膨胀特性温度提高。

盐水冷却均匀性好，对碳钢等淬透性较差的钢，淬火后可使马氏体量增多，硬度提高，淬硬深度也较大。减少淬火裂纹、变形、软点的产生，无污染，成本低。对工件产生锈蚀。

表 3-13　常用的淬火介质和其冷却能力数据

淬火介质	冷却速度 ℃/s	
	在 650～450 ℃区间内	在 200～300 ℃区间内
水(18 ℃)	600	270
水(20 ℃)	500	270
水(50 ℃)	100	270
水(74 ℃)	30	270
10%苛性钠水溶液(18 ℃)	1200	300
10%氯化钠水溶液(18 ℃)	110	300
50 ℃矿物油	150	30

知识拓展

1. 淬火的冷却速度是否越快越好。举例说明。
2. 热处理冷却时，搅拌速度会影响组织及性能吗？为什么？

试验结果

结果 1：使用洛氏硬度计测量淬火试样的洛氏硬度

试样在测定硬度前，用砂布打磨试样的被测表面和支撑面，记录硬度测定结果（表 3-14）。

表 3-14　硬度测定结果

材料	冷却方式	硬度				规律
		1	2	3	平均	
45 钢	空冷					
	油冷					
	水冷					
	盐水					

评价

☆☆☆☆☆

结果 2:按照试样制备方法磨制金相试样

试样 1 试样 2

试样 3 试样 4

评价

☆☆☆☆☆

结果 3:观察热处理后的显微组织,检查质量。

试样 1 试样 2

试样 3 试样 4

评价

☆☆☆☆☆

知识拓展

1. 淬火的冷却速度是否越快越好?举例说明。
2. 热处理冷却时,搅拌速度会影响组织及性能吗,为什么?

评价

☆☆☆☆☆

测评

1. 知识测评

请确定关键词，按重要程度进行关键词排序并举例解读。根据自己的判断给关键词赋予权重，满分 100 分（表 3-15）。

表 3-15　45 钢在不同冷却介质中的淬火知识测评表

序号	关键词	举例解读	评分自定
1			
2			
3			
4			
5			

2. 技能测评

表中所列内容，操作规范即得分，操作错误或未操作即零分（表 3-16）。

表 3-16　45 钢在不同冷却介质中的淬火技能测评表

	技能点	配分	得分
1	箱式电阻炉操作	20	
2	淬火操作	20	
3	洛氏硬度计操作	20	
4	金相制备操作	20	
	金相显微镜操作	20	
总分		100	

3. 素质测评

表中所列素质点，做到即得分，未做到即零分（表 3-17）。

表 3-17　45 钢在不同冷却介质中的淬火素质测评表

序号	素质点	配分	得分
1	学习纪律	20	
2	工具使用、摆放	20	
3	严谨认真、一丝不苟的精神	20	
4	工程意识、团队精神	20	
5	实训环境“5S”	20	
总分		100	

任务3　45钢在不同温度下的回火

按照正常的加热温度对45钢制试样进行加热，加热后在水中进行冷却，淬火后在不同温度完成回火，回火处理后进行硬度测试和金相观察，掌握回火温度对淬火后材料组织和性能的影响。

职业行动：

步骤1：回火的含义和作用

回火：

表3-18　回火处理

项目	低温回火	中温回火	高温回火
回火温度			
回火组织			
回火目的			
应用			

评价

☆☆☆☆☆

步骤2：领取试样，根据回火温度，判断回火后的组织和硬度（表3-19）

表3-19　回火处理后结果

材料	状态	回火温度	组织	预估硬度
T8钢	820 ℃水淬	200 ℃		
T8钢	820 ℃水淬	400 ℃		
T8钢	820 ℃水淬	600 ℃		
45钢	820 ℃水淬	200 ℃	$M_{回火}$	
	820 ℃水淬	400 ℃	$T_{回火}$	
	820 ℃水淬	600 ℃	$S_{回火}$	

评价

☆☆☆☆☆

步骤3：确定回火工艺参数

在下列表格中填写回火工艺参数（表3-20）

表 3-20　回火工艺参数

材料	临界温度		回火温度	保温时间	冷却方式	试样尺寸
	A_{c1}	AC_{cm}				
45 钢						
45 钢						
45 钢						

评价

☆☆☆☆☆

步骤 4：按照回火参数完成 45 钢不同回火温度的回火操作

选用 45# 钢试样在 820 ℃加热，进行水淬后，在 200 ℃、400 ℃、600 ℃进行回火处理。

操作步骤：

1. 将加热炉的炉温分别降至 600 ℃、400 ℃、200 ℃。

其调整方法是：完全打开炉门（炉温 600 ℃以下时）部分打开炉门（600 ℃以上时）也可装入金属废料。必须注意，打开炉门降温时，由于冷空气进入，仪表指示温度往往比实际炉温低些，所以一定要等到仪表指示温度比要求炉温低 30～50 ℃，再关闭炉门。

2. 将试样放入已到温的炉中，直径不超过 15 mm 的试样总加热保温时间为 30～45 min，试样的冷却，水中空气中均可。

3. 操作前应组织学生学习有关安全守则。

写出试验安排（表 3-21）

表 3-21　试验安排

组别	试样	加热温度	时间	人员

评价

☆☆☆☆☆

职业知识

知识 1：回火

回火是将已淬火的碳钢加热到 A1 以上某一温度，适当保温一段时间，然后空冷或炉冷至室温。在回火的保温和冷却过程中，淬火马氏体和残余奥氏体都要发生分解和分解产物的聚集长大。随着回火温度的升高，淬火碳钢的组织将依次得到回火马氏体，回火屈氏体和回火索氏体，淬火碳钢的硬度将依次降低，韧性将逐渐回升，内应力也逐渐趋于消除。

通常按加热温度的高低，回火可分为以下三类。

低温回火：加热温度为150~250 ℃。

【目的】降低淬火钢中的内应力，减少钢的脆性，同时保持钢的高硬度和耐磨性。常用于高碳钢制的切削工具、量具和滚动轴承件及渗碳处理后的零件等。

中温回火：加热温度为350~500 ℃。

【目的】获得高的弹性极限，同时有高的韧性。主要用于各种弹簧热处理。

高温回火：加热温度为500~650 ℃。

【目的】为了获得既有一定的强度、硬度，又有良好的冲击韧性的综合机械性能。通常把淬火后加高温回火的热处理称作调质处理。主要用于处理中碳结构钢，即要求高强度和高韧性的机械零件，如轴、连杆、齿轮等。

知识2：碳钢回火温度对组织的影响

1. 低温回火的温度一般为150~250 ℃，淬火组织为马氏体(常有少量残余奥氏体)的碳钢，在低温回火后获得回火马氏体，它仍保留着原来马氏体的针片或板条状形态，性能基本上与淬火马氏体相同，但脆性较低。

回火马氏体

淬火钢经低温回火(150~250 ℃)，马氏体内的过饱和碳原子脱溶沉淀，析出与母相保持着共格联系的ε碳化物，这种组织称为回火马氏体。回火马氏体仍保持针片状特征，但容易受侵蚀，故颜色要比淬火马氏体深些，是暗黑色的针状组织，如图3-6所示。

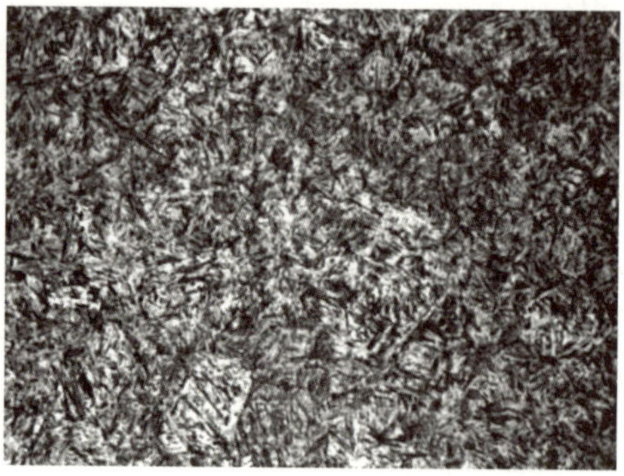

图3-6　45钢淬火后200 ℃回火组织 500X

2. 中温回火的温度一般为350~500 ℃回火后的组织为回火屈氏体，此时，钢的硬度有明显降低，而刚的弹性的韧性较高。

回火屈氏体：是铁素体基体中弥散分布着微小粒状渗碳体的组织。

回火屈氏体中的铁素体仍然基本保持原来针状马氏体的形态，渗碳体则呈细小的颗粒状，在光学显微镜下不易分辨清楚，故呈暗黑色，如图3-7所示。

图 3-7　45 钢 400 ℃回火组织

图 3-8　45 钢 650 ℃回火组织

（扫描观看 45 钢水淬后在不同温度回火的组织）

3. 高温回火的温度一般 500~650 ℃，回火后的组织为回火索氏体，是已经聚集长大了的渗碳体颗粒均匀分布在铁素体基体上的组织。

一般淬火加高温回火又称调质，调质后钢的硬度降低较多，而韧性大幅度提高。具有良好的综合机械性能。

知识 3：碳钢回火工艺参数的确定

碳钢制件淬火后都必须进行回火处理，以减少或消除内应力，提高韧性，获得比较稳定的组织和性能。回火温度取决于最终所要求的组织和性能（工厂常根据硬度的要求），各种不同温度回火后的硬度值见表 3-22。

表 3-22　各种不同温度回火后的硬度值（HRC）

回火温度/℃	45 钢	T8 钢	T10 钢	T12 钢
150~200	60~54	64~55	64~62	65~62
200~300	54~50	55~45	62~56	65~57
300~400	50~40	55~45	56~47	57~49
400~500	40~33	45~35	47~38	49~38
500~600	33~24	35~27	38~27	38~28

回火的加热保温时间主要根据试样的有效尺寸来确定。若采用到温入炉法回火时，有效尺寸在 15 mm 以下的碳钢试样，自装入炉中算起，一般需要 30~40 min。

碳钢的回火冷却无特殊要求，一般可在空气中冷却。有时为了尽早测定回火硬度，也可在水中冷却。

图 3-9　扫描观看 45 钢水淬后在不同温度的回火操作微课

试验结果

结果 1:使用洛氏硬度计测量淬火+回火试样的洛氏硬度

试样在测定硬度前,用砂布打磨试样的被测表面和支撑面,记录硬度测定结果(表 3-23)。

表 3-23　硬度测试结果

序号	回火温度/℃	硬度				规律
		1	2	3	平均	
1	200					
2	400					
3	600					

评价

☆☆☆☆☆

结果 2:按照试样制备方法磨制金相试样

试样 1　　试样 2

试样 3　　试样 4

评价

☆☆☆☆☆

结果3：观察热处理后的显微组织，并注明试样状态、腐蚀剂、放大倍数。

试样1　　　　　　　　　　试样2

试样3　　　　　　　　　　试样4

评价

☆☆☆☆☆

知识拓展

1. 如何确定回火温度。
2. 回火温度对组织和性能的影响。

评价

☆☆☆☆☆

测评

1. 知识测评

请确定关键词，按重要程度进行关键词排序并举例解读。根据自己的判断给关键词赋予权重，满分100分（表3-24）。

表3-24　45钢在不同温度下的回火知识测评表

序号	关键词	举例解读	评分自定
1			
2			
3			
4			
5			

2. 技能测评

表中所列内容,操作规范即得分,操作错误或未操作即零分(表 3-25)。

表 3-25　45 钢在不同温度下的回火技能测评表

序号	技能点	配分	得分
1	箱式电阻炉操作	20	
2	回火操作	20	
3	洛氏硬度计操作	20	
4	金相制备操作	20	
	金相显微镜操作	20	
总分		100	

3. 素质测评

表中所列素质点,做到即得分,未做到即零分(表 3-26)。

表 3-26　45 钢在不同温度下的回火素质测评表

序号	素质点	配分	得分
1	学习纪律	20	
2	工具使用、摆放	20	
3	严谨认真、一丝不苟的精神	20	
4	工程意识、团队精神	20	
5	实训环境“5S”	20	
总分		100	

项目四　45钢制齿轮的热处理

项目描述

45钢制齿轮，技术要求为：齿面硬度为48～55HRC，淬硬层深为0.8～1.5 mm，编制正火、调质、感应淬火工艺；连择设备参数，画出正火、调质、感应加热淬火和回火工艺曲线，并注明工艺参数。

引导语

制造技术的先进性是实现工业生产优质、高效、低耗、环保和保持产品竞争能力的保证。热处理技术的先进程度，则是保证机械制造技术先进性和产品质量的关键因素。随着现代工业技术的发展，热处理技术得到了不断更新与改进，以保障当今社会生产及生活中对热处理工件的品质要求。

职业知识

1. 知晓45钢制齿轮加工过程中预备热处理和最终热处理的作用
2. 掌握正火加热温度、保温时间的选择方法
3. 掌握淬火加热温度、保温时间的选择方法
4. 知晓各种冷却介质的特性
5. 掌握回火加热温度、保温时间的计算
6. 能够选择高频感应淬火的电参数和热参数

职业能力

1. 学会根据齿轮材料完成齿轮加工过程中热处理工序的选择
2. 能够使用箱式电阻炉完成正火操作
3. 能够根据技术要求选择合理的淬火、回火设备
4. 完成45钢制齿轮的调质操作
5. 能够计算高频感应淬火的电参数
6. 能够操作过程中考虑组织生产的合理性和经济性，培养生产中经济性的意识

载体

机床齿轮，材料：45钢，模数为 $m=4$，齿宽 $B=20$ mm，齿顶圆直径为148 mm，齿轮经调

质硬度为 241~286 HB,齿面表面淬火,硬度为 48~55HRC,淬硬层深为 0.8~1.5 mm。试验载体如图 4-1 所示。

(a)

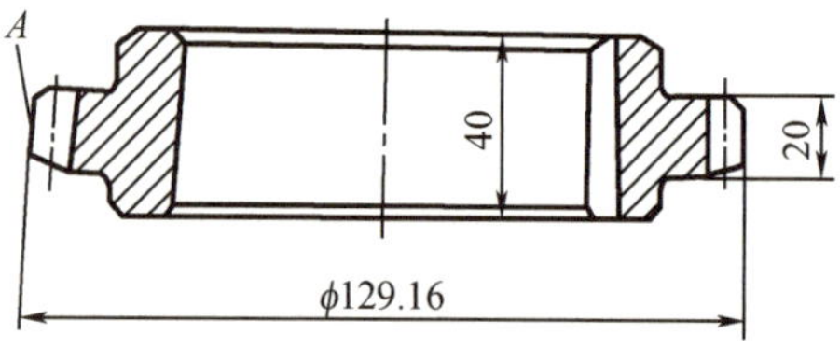

(b)

图 4-1　试验载体

任务 1　45 钢制齿轮正火

根据 45 钢制齿轮的技术要求,选择正火加热温度、保温时间等工艺参数;画出正火工艺曲线,选择正火设备完成 45 钢制齿轮正火操作。

职业行动

步骤 1:根据齿轮材料和技术要求选择齿轮加工工艺路线

写出 45 钢制齿轮加工工艺路线:

图 4-2　扫描观看"匠人"院士潘健生思政微课视频

评价

☆☆☆☆☆

步骤 2:根据热处理工序在加工中的位置,写出预备热处理和最终热处理及作用

预备热处理:

作用:

最终热处理：

作用：

评价

☆☆☆☆☆

步骤3：编制正火工艺参数，绘制热处理工艺曲线

加热温度：

保温时间：

冷却方式：

正火工艺曲线：

评价

☆☆☆☆☆

步骤4：正火加热设备的选择及操作规程

图4-3　扫描二维码观看箱式电阻炉操作规程图片

写出加热设备名称及型号：

箱式电阻炉操作步骤：

1. 装炉前的准备

2. 装炉方法

3. 进炉操作

4. 关闭炉门,送电升温

评价

☆☆☆☆☆

知识拓展

图 4-4　扫描二维码观看正火工艺卡图片

填写正火工艺卡(表4-1)。

表4-1　正火工艺卡

xx公司	零件热处理工艺卡	产品型号	零件号	零件名称
		CY6140	A-02051	主轴

技术条件:弯曲≤1 mm

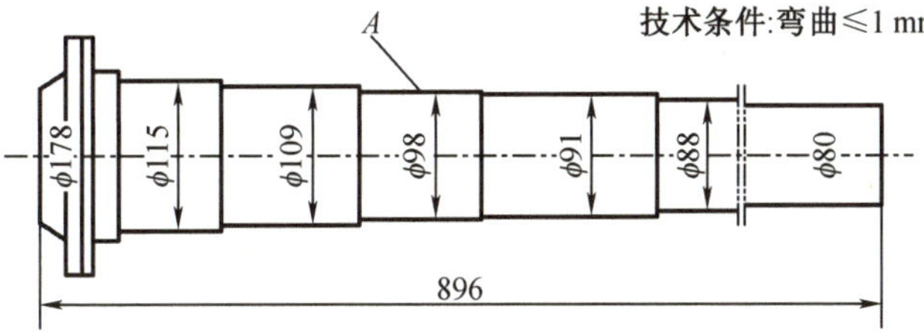

序号	程序名称	设备	装炉		热处理规范			
			夹具	同炉装填	加热温度	保温时间	冷却介质	介质温度
1								
2								
3								
4								
硬度要求								
打磨	节位	硬度						

评价

☆☆☆☆☆

职业知识

知识1:齿轮及其加工

齿轮是传递动力和运动形式的重要零件,主要进行速度的调节和功率传递。齿轮加工时需要根据齿轮的传动方式、载荷性质与大小、传动速度和精度要求等工作条件,合理选择齿轮材料及热处理工艺,以满足齿轮的性能要求。齿轮的力学性能要求为:

1. 足够的强度和冲击韧性
2. 高的接触疲劳强度和弯曲疲劳强度
3. 高硬度和高耐磨性

不同钢铁材料加工的齿轮,可以选择不同的热处理,提高钢铁的使用性能,充分发挥材料的能力，同时也能够改善钢材的切削性能，提高齿轮加工质量，延长齿轮的使用寿命。

表 4-2　不同性能要求的齿轮常用材料和热处理后的性能

序号	齿轮类型	钢材	热处理	性能
1	低速（<1 m/s）、轻载，如车床溜板齿轮等	45	调质	HB200-250
2	中速、中载或低速、重载，如车床变速箱中的次要齿轮	45	高频淬火回火	HRC45-55
3	高速、中载、有冲击、外形复杂和重要齿轮，如汽车变速箱齿	20CRMNTI	渗碳，淬火+低温回火	HRC56-62

典型齿轮主要加工工艺主要有：

1. 调质齿轮

下料→锻造→正火→粗加工→调质→齿形加工。

2. 渗碳齿轮

下料→锻造→正火一粗加工→铣齿→渗碳→淬火、回火→精加工。

3. 表面硬化齿轮

下料→锻造→正火→粗加工→调质→半精加工（拉、插、铣、剃齿等）→高频淬火、回火→精加工。

图 4-5　扫描观看齿轮及加工微课

知识 2：热处理的分类及作用

预备热处理消除毛坯件的某些缺陷（残留应力、粗大晶粒、组织不均），改善切削加工性能，为最终热处理做组织准备。

包括退火、正火、调质等。退火、正火的工序位置通常安排在毛坯生产之后、切削加工之前，以消除毛坯生产的内应力，均匀组织，改善切削加工性，并为以后的热处理做好组织准备。对于精密零件，为了消除切削加工的残余应力，在半精加工之后还要安排去应力退火。调质工序一般安排在粗加工之后、精加工或半精加工之前。

最终热处理是为了获得零件所需要的最终性能。

图 4-6　扫描观看 45 钢钢制齿轮正火微课视频

包括淬火、回火及表面热处理等，其工序位置一般安排在半精加工之后。

最终热处理后零件的硬度很高，除磨削外，不宜进行其他形式的切削加工，有些零件性能要求不高，在毛坯生产之后进行退火、正火或调质即可满足要求，这时退火、正火和调质也可以作为最终热处理。

知识3：正火工艺参数的编制

正火是将钢件加热到 AC3（或 ACM）以上 30~50 ℃，保温适当的时间后，在空气中冷却的热处理工艺。

正火目的

消除锻造应力，均匀组织，使同批坯料硬度相同，利于切削加工，改善齿轮表面加工质量。

正火工艺参数如图 4-7 所示。

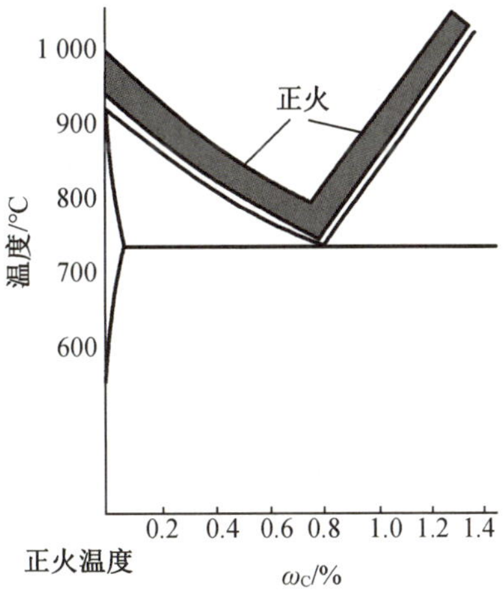

图 4-7　正火工艺参数

1. 加热温度的选择

亚共析钢：Ac3+30~50 ℃

共析钢：Ac1+30~50 ℃

过共析钢：Accm+30~50 ℃

【正火组织】

亚共析钢　S+F

过共析钢　S+FE3C（粒）

正火加热温度在实际生产中常常略高一些，以促使奥氏体均匀化，增大过冷奥氏体的稳定性；尤其是对于合金钢，钢中合金元素越多，其加热温度就应该选得稍高些。常用结构钢的正火温度及正火后的硬度见表 4-3。

表 4-3　常用结构钢的正火温度及正火后的硬度

钢号	临界点/℃			加热温度/℃	硬度/HBS
	AC_1	AC_3/ACCM	AR_L		
20	735	855	680	890~920	≤156
20Cr	766	838	702	870~900	≤270
35	724	802	680	860~890	≤191
45	724	780	682	840~870	≤226
40Cr	743	782	693	850~870	≤250
35CrMo	755	800	695	850~870	≤241
65Mn	726	765	689	820~860	≤269
20CrMnTi	740	825	650	900~950	156~207
T8A	730	—	700	760~780	241~302
T10A	730	800	700	800~850	255~321
T12A	730	820	700	850~870	269~341
GCrl5	745	900	700	900~950	270~390

2. 保温时间的选择

正火保温时间应以工件烧透，即心部达到要求的加热温度为准，还应考虑钢的成分、原始组织、装炉量和加热设备等因素。

【保温时间】

①电炉加热时，正火保温时间可按下式计算：

$$t=KD$$

式中　t——保温时间，单位 min；

K——加热系数，一般为 1.5~2.0 min/mm；

D——工件的有效厚度，单位 mm。

【碳素钢】　正火时保温系数为 1.0~1.5 min/mm，

【合金结构钢】　在正火时保温系数为 1.2~1.8 min/mm，

当装炉量多时保温系数取上限，当装炉量少时保温系数取下限。

②油炉、煤气炉加热

保温时间＝电炉加热保温时间×(0.5~0.7)

3. 冷却方式

正火冷却方式应根据钢的成分、工件的尺寸和形状以及正火的性能要求确定。一般小件在空气中自然冷却，不允许堆放或置于潮湿的地上冷却；大件或要求硬度高的零件可放在流动空气或其他介质中冷却；为消除网状碳化物的正火，允许在油中冷却到 700 ℃左右再转入空冷。

知识 4：正火加热设备及操作

正火主要采用箱式、台车式、井式加热炉(图 4-8)。对光坯件、加工余量小的件和返修件也可采用气体渗碳炉、盐浴炉和真空炉。

(a)　　(b)

图 4-8　正火加热设备

操作要点：

零件装炉时，必须放置于预先确定的有效加热区内。装炉量、装炉方式及堆放形式的确定，应以保证零件均匀加热和冷却，且不造成有害缺陷为原则。装箱退火时，箱间距离应大于 100 mm。

装炉后需检查零件与电热元件确无接触时，方可送电升温，在操作过程中，不得随意打开炉门。

零件的升温速度主要根据化学成分、几何形状等因素来确定。对于高碳、高金刚断面较大或形状复杂的零件，以及装箱退火零件，应采用低温装炉，加热到 500~550 ℃保温一段时间后再加热到规定温度。

保温时间是从炉温达到规定温度时算起，但装炉量大时，应适当延长，对于装箱退火，通常增加 2~3 h。

细长与薄板零件，装出炉时需特别小心，以免变形。

测评

1. 知识测评

请确定关键词，按重要程度进行关键词排序并举例解读。根据自己的判断给关键词赋予权重，满分 100 分(表 4-4)。

表 4-4　45 钢制齿轮正火知识测评表

序号	关键词	举例解读	评分自定
1			
2			
3			
4			
5			

2. 技能测评

表中所列内容,操作规范即得分,操作错误或未操作即零分(表 4-5)。

表 4-5　45 钢制齿轮正火技能测评表

	技能点	配分	得分
1	制定齿轮加工路线	20	
2	正火工艺参数的确定	30	
3	正火设备操作	30	
4	正火组织观察及硬度测试	20	
总分		100	

3. 素质测评

表中所列素质点,做到即得分,未做到即零分(表 4-6)。

表 4-6　45 钢制齿轮正火素质测评表

序号	素质点	配分	得分
1	学习纪律	20	
2	工具使用、摆放	20	
3	严谨认真、一丝不苟的精神	20	
4	工程意识、团队精神	20	
5	实训环境“5S”	20	
总分		100	

任务 2　45 钢制齿轮调质

根据 45 钢制齿轮的技术要求,选择调质中淬火、回火加热温度、保温时间等工艺参数;画出调质工艺曲线,选择调质设备完成 45 钢制齿轮调质操作。

职业行动

步骤1:调质

调质:

调质作用:

评价

☆☆☆☆☆

步骤2:编制调质工艺参数,绘制调质工艺曲线

淬火加热温度:

淬火保温时间:

冷却方式:

回火温度:

回火保温时间:

回火冷却方式:

调质工艺曲线：

评价

☆☆☆☆☆

步骤 3：淬火、回火加热设备的选择及操作规程(图 4-9)

写出 45 钢制齿轮调质所用的设备名称

淬火设备：

回火设备：

冷却设备：

(a)燃气快速淬火炉

(b)台车式回火炉

图 **4-9** 加热设备

图 **4-10** 扫描二维码观看调质设备及操作图片

选择淬火、回火设备并写出操作规程

淬火加热设备名称及型号：

回火加热设备名称及型号

写出淬火、回火工艺准备及操作

评价

☆☆☆☆☆

4-11　扫描二维码观看调质工艺卡图片

职业知识

知识1:调质处理

钢件淬火加高温回火的复合热处理工艺称为调质处理,它主要用于处理轴类、连杆、螺栓、齿轮等工件。调质齿轮中淬火的目的主要是使钢件得到马氏体(或贝氏体)组织,提高钢件的硬度和强度,与高温回火工艺合理配合,具有较好的强度和韧性,具有良好的综合机械性能。

调质处理后钢的硬度不高,在220~300 HBW的范围内,便于切削加工,并能得到较好的表面质量,可作为表面淬火和化学热处理的预备热处理;调质处理也可作为最终热处理,但由于齿面硬度较低,易于跑合,不能充分发挥材料的承载能力,常用于强度和精度要求不太高的一般中低速齿轮,以及热处理和齿面精加工比较困难的大型齿轮。

知识2:调质-淬火工艺参数的选择

由于调质是淬火+高温回火的复合工艺,其工艺参数的选择包括了淬火参数和回火参数的选择(图4-12)。

1. 淬火加热温度

亚共析钢:AC3线以上30 ℃~50 ℃。

共析钢和过共析钢:AC1线以上30 ℃~50 ℃。

合金钢:在临界温度以上70~100 ℃。

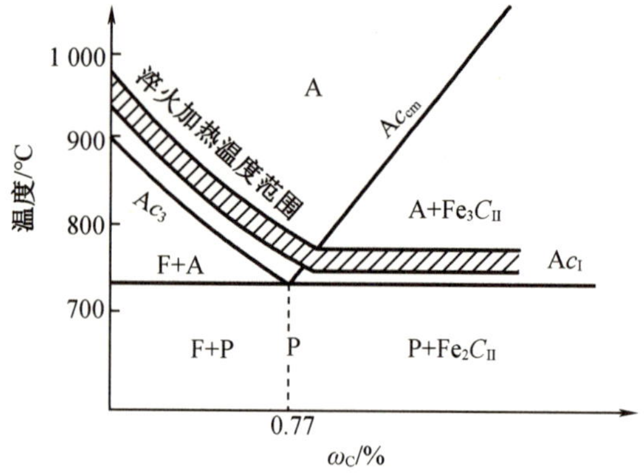

图 4-12　调质-淬火工艺参数

加热温度的确定以得到均匀细小的奥氏体晶粒为原则，对于亚共析钢，不宜有未熔铁素体。

对于过共析钢：碳化物不能溶尽且奥氏体含碳量不宜太高，奥氏体晶粒不能粗化。

空气炉加热比盐炉高 10~30 ℃，形状复杂、截面变化突然的工件选下限温度淬火，大件可提高淬火温度。

表 4-7　常用钢的淬火加热温度

钢号	淬火加热温度(℃)	钢号	淬火加热温度(℃)
30	870~890	50CrVA	850~880
45	820~850	GCrl5	820~860
T8A	770~820	CrWMn	820~840
T10A	770~810	9SiCr	850~880
T12A	770~810	9Mn2V	780~820
40Cr	830~860	Crl2	950~980
20CrMnTi	830~850	Crl2MoV	1 000~1 050
40CrNiMo	840~860	5CrNiMo	830~860
40CrMnMo	840~860	3Cr2W8V	1 050~1 100
65Mn	780~840	W6Mo5Cr4V2	1 200~1 240
60Si2Mn	850~870	W18Cr4V	1 260~1 290

2. 保温时间的选择

淬火保温目的是完成组织转变、碳化物溶解，奥氏体的成分均匀化。保温时间一般根据零件厚度来确定保温时间，其经验公式如下：

$$t=(8\sim10)\,\mathrm{min}+\alpha KD$$

式中　T——保温时间，min；

α——保温时间系数，min/mm，见表 4-8；

K——工件装炉方式修正系数，见表 4-9；

D——工件有效厚度，mm，见表 4-10。

【影响因素】

(1)钢的化学成分 C%、合金元素↑，延长加热时间

(2)加热介质：盐炉可缩短加热时间

(3)工件置放密度：间隙大，加热时间短

(4)装炉温度：提高装炉温度，缩短加热时间

表 4-8　保温时间系数

min/mm

工件材料	直径/mm	<600 ℃ 箱式炉预热	800~900 ℃ 箱式、井式炉加热	750~850 ℃ 盐浴炉加热或预热	1 100~1 300 ℃ 盐浴炉加热
碳素钢	≤50 >50	—	1. 0~1. 2 1. 2~1. 5	0. 3~0. 4 0. 4~0. 5	—
低合金钢	≤50 >50	—	1. 2~1. 5 1. 5~1. 8	0. 45~0. 5 0. 5~0. 55	—
高合金钢	—	0. 35~0. 4	—	0. 3~0. 35	0. 17~0. 2
高速钢	—	—	0. 65~0. 85	0. 3~0. 35	0. 16~0. 18

表 4-9　工件装炉方式修正系数

工件装护方式	排料系数 *K*
	1
	1
	2
	1. 4
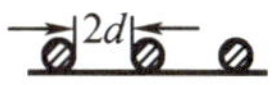	1. 3
	1
	1. 4
	4
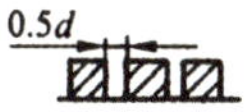	2. 2
	2. 0
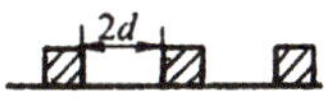	1. 8

表 4-10　工件有效厚度的计算

工件形状	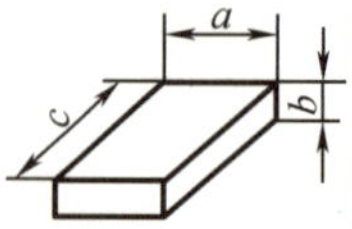 $b<a<c$	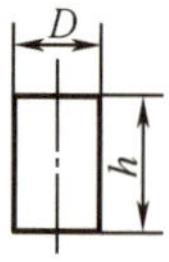 $D<h$	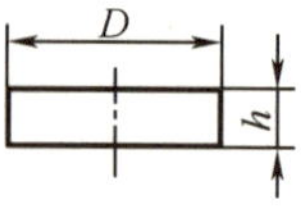 $D>h$	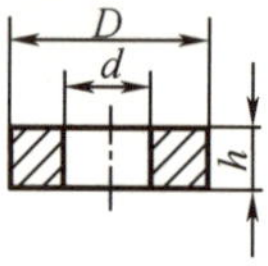 $\frac{D-d}{2}<h$	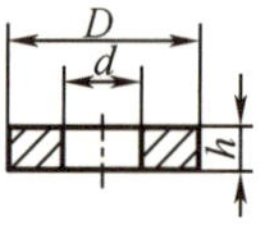 $\frac{D-d}{2}>h$
有效厚度	b	D	h	$\frac{D-d}{2}$	h

3. 冷却介质

淬火冷却是淬火工艺中最为关键的工序，淬火介质必须保证淬火后得到马氏体组织，要求淬火介质有足够的冷却速度。从钢的 C 曲线可知，钢加热至奥氏体后，只有冷却速度大于临界冷却速度时才能获得马氏体组织，但过快的冷却速度将产生巨大的淬火应力，引起工件的变形和开裂。

①碳素钢零件一般水冷，合金钢零件油冷，形状简单截面较大的合金钢零件水淬油冷。形状复杂的零件可采用分级或等温淬火。

②淬火冷却介质应有足够的冷却能力、良好的冷却性能和较宽的使用范围。同时还应具有不易变质老化、不腐蚀零件、不易燃、易清洗、无公害、价廉等特点。

生产中常用淬火冷却介质及其特性见表 4-11。

表 4-11　常用淬火介质及其冷却特性

介质	最大冷却速度时		平均冷却速度(℃/s)	
	所在温度(℃)	冷却速度(℃/S)	650~500 ℃时	300~200 ℃时
静止自来水，20 ℃	340	775	130	480
静止自来水，40 ℃	235	545	115	400
静止自来水，60 ℃	220	275	75	210
NaCl10%水溶液，20 ℃	580	2000	1900	1000
NaCl15%水溶液，20 ℃	560	2830	2750	775
$Na_2CO_3$5%水溶液，20 ℃	430	1640	1140	802
N15 机油，20 ℃	430	230	60	65
N15 机油，80 ℃	430	230	70	55
N22 机油，20 ℃	500	120	100	50

知识 3:回火工艺参数

1. 回火温度

回火温度可按照钢的回火硬度要求来选择,对于 45 钢可采用下列公式计算:

当硬度>30HRC 时:$t = 200\ ℃ + 11 \times$(60-要求的 HRC 硬度值)

当硬度<30HRC 时:$t = 200\ ℃ + 12 \times$(60-要求的 HRC 硬度值)

含碳量增加或减少 0.05%时,回火温度相应增加或减少 10~15 ℃,

也可以采用查表法确定回火温度,表 4-12 列出了碳素结构钢淬火、回火温度及不同回火温度对应的硬度数值。

表 4-12　常用钢回火温度与硬度的关系

钢种	钢号	淬火规范及硬度			不同温度回火后的硬度(HRC)											
					回火温度(℃)											
		加热温度 ℃	冷却介质	硬度(HRC)	180	240	280	320	360	380	420	480	540	580	620	650
碳素结构钢	35	860	水	>50	51	47	45	43	40	38	35	33	28	—	—	—
	45	830	水	>55	56	53	51	48	45	43	38	34	30	—	—	—
碳素工具钢	T8,T8A	790	水、油	>62	62	58	56	54	51	49	45	39	34	29	25	—
	T10,T10A	780	水、油	>62	63	59	57	55	52	50	46	41	36	30	26	—
合金钢	40Cr	850	油	>55	54	53	52	50	49	47	44	41	36	31	—	—
	50CrVA	850	油	>60	58	56	54	53	51	49	47	43	40	36	—	30
	60Si2MnA	870	油	>60	60	58	56	55	54	52	50	44	35	30	—	—
	65Mn	820	油	—	58	56	54	52	50	47	44	40	34	32	28	—
合金钢	5CrMnMo	840	油	>52	55	53	52	48	45	44	44	43	38	36	34	32
	30CrMnSi	860	油	>48	48	48	47	—	43	42	—	—	36	—	30	26
	GCr15	850	油	>62	61	59	58	56	53	52	50	—	41	—	30	—
	9SiCr	850	油	>62	62	60	58	57	56	55	52	51	45	—	—	—
	CrWMn	830	油	>62	61	58	57	55	54	52	50	46	44	—	—	—
	9Mn2V	800	油	>62	60	58	56	54	51	49	41	—	—	—	—	—
高合金钢	3Cr2W8	1100	分级,油	~48	—	—	—	—	—	—	—	46	48	48	43	41
	Crl2	980	分级,油	>62	62	59	—	57	—	—	55	—	52	—	—	45
	Cr12MoV	1120	分级,油	>44	44	45	—	—	48	48	—	51	63	52	—	—
	Cr12MoV	1030	分级,油	>62	62	62	60	—	57	—	—	—	53	—	—	45

2. 回火时间

回火时间的确定原则为保证工件透热和组织充分转变及应力消除,可按下式计算

①工件有效厚度 $d <= 50$ mm,保温 2 小时;

②工件有效厚度 $d>50$ mm，按照保温时间 $t=d/25$（小时）计算；

③ 每次回火后空冷至室温，再进行下次回火。

也可以按照下列公式进行计算：

$$t_h=K_h+A_hD$$

式中 t_h——回火时间，min；

K_h——回火时间基数，min；

A_h——回火时间系数，min/mm；

D——工件有效厚度，mm。

表 4-13 回火时间基数 K_h 和回火时间系数 A_h 的推荐值

回火温度	300 ℃		300~450 ℃		450 ℃以上	
回火设备	箱式炉	盐浴炉	箱式炉	盐浴炉	箱式炉	盐浴炉
K_h/min	120	120	20	15	10	3
A_h/(min/m)	1	0.4	1	0.4	1	0.4

在确定回火时间时，除了根据经验公式计算外，还应考虑合金元素的影响，合金元素会使钢的导热性变差，因此合金钢的回火时间应适当延长一些。此外，工件尺寸、形状以及加热介质等因素也应作为参考，回火时间可参照表 4-13 来确定。

表 4-14 回火保温时间参考表

低温回火（150~250 ℃）							
有效厚度/mm		<25	25~50	50~75	75~100	100~125	125~150
保温时间/min		30~60	60~120	120~180	180~240	240~270	270~300
中、高温回火（250~650 ℃）							
有效厚度/mm		<25	25~50	50~75	75~100	100~125	125~150
保温时间/min	盐炉	20~30	30~45	45~60	75~90	90~120	120~150
	空气炉	40~60	70~90	100~120	150~180	180~210	210~240

3. 回火后的冷却

实际生产中，回火一般采用空冷；对不允许重新产生内应力的零件（如工模具）应缓冷，以防止开裂；对具有高温回火脆性的零件回火后应在水或油中快冷以抑制回火脆性，然后进行一次补充回火以消除快冷所产生的内应力。

图 4-13 扫描观看 45 钢制齿轮调质微课视频

知识 4：淬火、回火设备及操作

淬火设备——高温箱式炉，真空淬火炉，保护气氛箱式炉。

回火设备——真空回火炉、中温箱式炉，中温台车式电阻炉。

冷却设备——水槽、油槽。

淬火、回火准备工作：

1. 开炉前检查设备，仪表是否正常；

2. 正确选择工装、夹具；

3. 检查零件表面是否有碰伤、裂纹、锈斑等缺陷；

4. 确认零件要求的淬火部位硬度、变形等的技术要求，核对零件的形状、材料的加工状态是否与图样及工艺文件相符合；

5. 表面不允许氧化、脱碳的零件，当在空气炉加热时，应采取防氧化脱碳剂装箱保护或采用真空炉加热；

6. 易开裂的部位如尖角靠边的孔，应采取预防措施，如塞石棉、耐火泥等。

操作步骤：

1. 零件应均匀摆放于炉内有效加热区，在箱式炉中一般为单层排列加热，工件间留有适当间隙。小件可适当堆放，但要酌情增加保温时间。

2. 同炉加热零件，截面尺寸不宜相差过大，大截面零件应摆放在炉膛里面，以便小件先出炉，大小件应分别计算加热时间。

3. 箱式电阻炉在零件进出炉时应注意断电，并注意零件或工具不得与炉内耐火砖及电阻丝碰撞。井式电阻炉，零件进出炉时必须切断电源，关闭风扇，严禁带电操作。吊装零件时应注意不要碰撞或接触电阻丝。

4. 控制气氛电阻炉配备的气体流量计和压力表，要指示准确且灵敏。防爆安全装置要灵活可靠。保护气氛炉的炉内气氛应根据工艺要求，进行调整和控制。

5. 成批生产的零件，应先淬 1~2 件，待检查合格后再继续淬火，在淬火过程中抽检，以免成批废品。

6. 返修零件重新淬火前必须高温回火或正火后才能重新淬火。

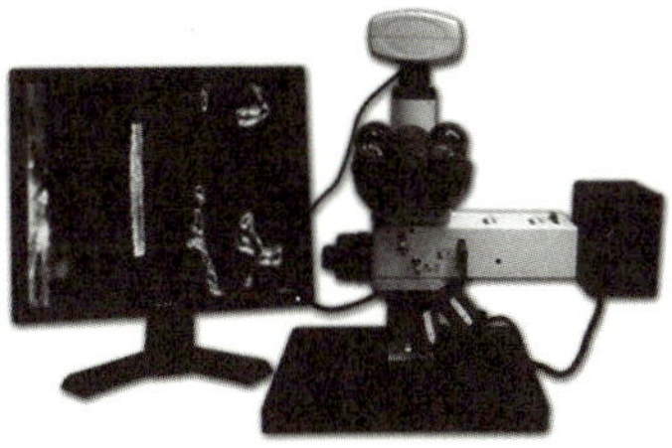

图 4-14　扫描观看 45 钢制齿轮调质生产操作及检验微课视频

测评

1. 知识测评

请确定关键词，按重要程度进行关键词排序并举例解读。根据自己的判断给关键词赋予权重，满分 100 分（表 4-15）。

表 4-15　45 钢制齿轮调质知识测评表

序号	关键词	举例解读	评分自定
1			
2			
3			
4			
5			

2. 技能测评

表中所列内容,操作规范即得分,操作错误或未操作即零分(表 4-16)。

表 4-16　45 钢制齿轮调质技能测评表

	技能点	配分	得分
1	淬火工艺参数	20	
2	淬火冷却介质	30	
3	回火工艺参数	30	
4	调质操作	20	
总分		100	

3. 素质测评

表中所列素质点,做到即得分,未做到即零分(表 4-17)。

表 4-17　45 钢制齿轮调质素质测评表

序号	素质点	配分	得分
1	学习纪律	20	
2	工具使用、摆放	20	
3	严谨认真、一丝不苟的精神	20	
4	工程意识、团队精神	20	
5	实训环境“5S”	20	
总分		100	

任务 3　45 钢制齿轮的感应淬火

根据 45 钢制齿轮的技术要求,选择感应淬火的电参数、加热方法;能够在高频感应加热设备上完成 45 钢制齿轮表面淬火,并选择感应淬火后回火的方法和工艺参数。

职业行动

步骤 1:写出下列感应淬火基本概念

感应淬火:

涡流:

集肤效应：

电流透入深度：

透入式加热：

感应淬火组织特点：

评价

☆☆☆☆☆

步骤2：确定感应淬火工艺规范

设备频率：

比功率：

加热方式包括：

同时加热：

连续加热：

评价

☆☆☆☆☆

步骤3：写出感应淬火操作规程

图 4-15　扫描二维码观看感应淬火操作规程图片

评价

☆☆☆☆☆

步骤 4：写出感应淬火感应操作步骤

评价

☆☆☆☆☆

步骤 5：写出质量检验项目和要求

评价

☆☆☆☆☆

步骤 6：填写感应淬火工艺卡

图 4-16　扫描二维码观看感应淬火工艺卡图片

插入工艺卡片

评价

☆☆☆☆☆

职业知识

知识 1：感应淬火

感应淬火是利用电磁感应在工件内产生涡流而将工件表层、局部或表面加热并进行快速冷却的淬火工艺（图 4-17）。

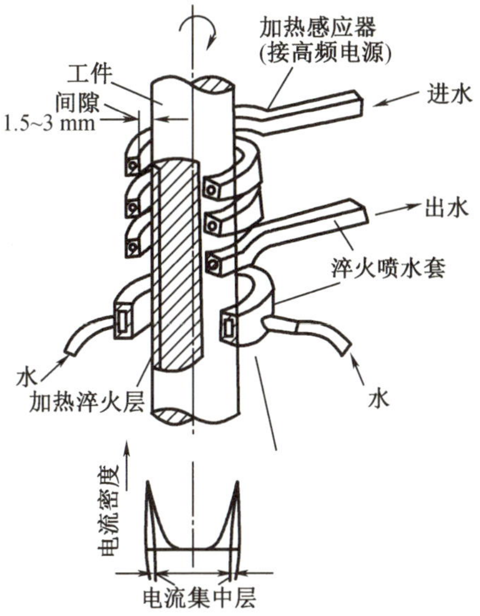

图 4-17　感应-淬火工艺

（扫描观看 45 钢制齿轮的感应淬火微课）

将工件放在感应器中，当感应器中通过交变电流时，在感应器周围产生与电流频率相同的交变磁场，在工件中相应地产生了感应电动势，在工件表面形成感应电流，即涡流。

涡流在工件的电阻的作用下，电能转化为热能，使工件表面温度达到淬火加热温度，可实现表面淬火。

导体中通过交变电流时，在导体截面上各处的电流密度是不均匀的，导体表面的电流密度大，中心电流密度小。这种电流密度集中在工件表面的现象叫作集肤效应。交变电流的频率越高，集肤效应就越显著。感应加热淬火就是利用这一特性而实现的。

由于钢在居里点处磁性发生变化导致涡流变化，感应加热为逐层式加热，称为透入式加热，在这种逐层加热过程中，温度已超过磁性转变点的部分，不易发生过热。

电流透入深度：工程上规定从导体表面到电流密度降至 36.79% 处的深度，用 δ(单位为 mm)表示，在电流透入深度 δ 层内电流所产生的热量占全部热量的 86.5%，即 δ 层之外不能实现有效加热。

感应加热表面淬火与普通淬火比具有如下优点：

1. 热源在工件表层，加热速度快，热效率高。

2. 工件因不是整体加热，变形小。

3. 工件加热时间短，表面氧化脱碳量少。

4. 工件表面硬度高，缺口敏感性小，冲击韧性、疲劳强度以及耐磨性等均有很大提高。有利于发挥材料地潜力，节约材料消耗，提高零件使用寿命。

5. 设备紧凑，使用方便，劳动条件好。

6. 便于机械化和自动化。

7. 不仅用在表面淬火还可用在穿透加热与化学热处理等。

(a)

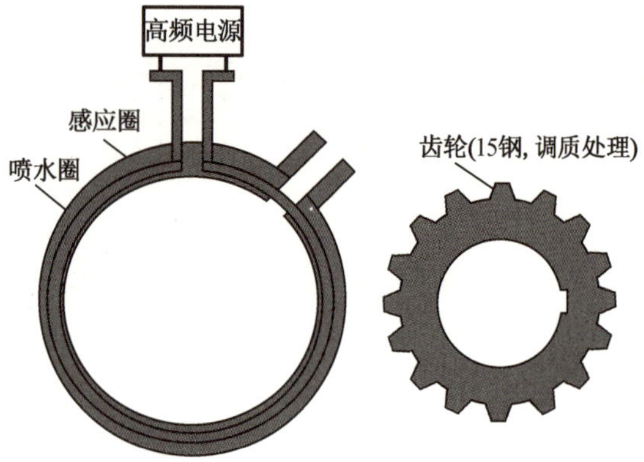

(b)

图 4-18　感应表面淬火(扫描图 4-17(b)观看感应淬火动画)

感应表面淬火后的性能

①表面硬度高。比普通淬火高 2~3 个单位(HRC)。

②耐磨性高。高频淬火后的工件耐磨性比普通淬火要高。

③疲劳强度高。高、中频表面淬火使疲劳强度提高。

知识 2:感应表面淬火的工艺参数

感应表面淬火的工艺参数分为热参数和电参数。热参数包括加热温度、加热时间和加热速度等;电参数有设备频率、工件单位表面功率以及决定表面功率的阳极电压、阳极电流、槽路电压和栅极电流等(高频)。

1. 设备频率的选择 $f_{佳}=\dfrac{60\ 000}{\delta_S^2}$

2. 比功率:指零件单位面积上供给的电功率(kW/cm2)

比功率的选择主要取决于频率和所要求的硬化层深度。高频为:Po=0.6~2.0 kW/cm^2;中频为:Po=0.8~2.5 kW/cm^2

3. 加热方式的选择

【同时加热淬火】　将工件上需要淬火的部位在感应器中一次加热完成后,通过冷却进行表面淬火。

【应用】　适用于小型零件或淬火面积较小而工件尺寸较大的零件的表面淬火。

【连续加热淬火】　即边加热边冷却的表面淬火方法。当设备功率不足以将工件需淬火表面积同时加热时,即工件的淬火面积 S 大于设备同时加热淬火的最大面积时,采用连续加热淬火法。

【应用】　适用于淬火面积较大而设备功率不能保证同时加热。例如轴类、较大淬火表面件。

4. 加热温度

当比功率确定以后,加热温度取决于加热时间,控制加热时间,就可控制表面温度若比功率过低,则延长加热时间也不能实现充分加热。

5. 冷却方式

喷射冷却。淬火冷却介质通过感应器或冷却器上许多孔喷射到工件表面而进行冷却。冷却介质喷射压力一般为 0. 15~0. 3 MPa。这种方法适用于连续加热淬火或同时加热淬火。

浸液冷却。零件表面同时加热后,浸入冷却介质中进行冷却。

知识 3:感应表面淬火设备

高频感应加热设备实质上就是一种大功率的频率变换装置,它将 50 Hz 的工频电流转换为成几百千赫的高频电流,以满足感应加热的需要。

根据感应加热设备工作频率的不同,可分为超高频、高频、超音频、中频、工频感应加热装置。按照工作原理可分为:电子管式高频感应加热装置,晶体管式高频变频装置。

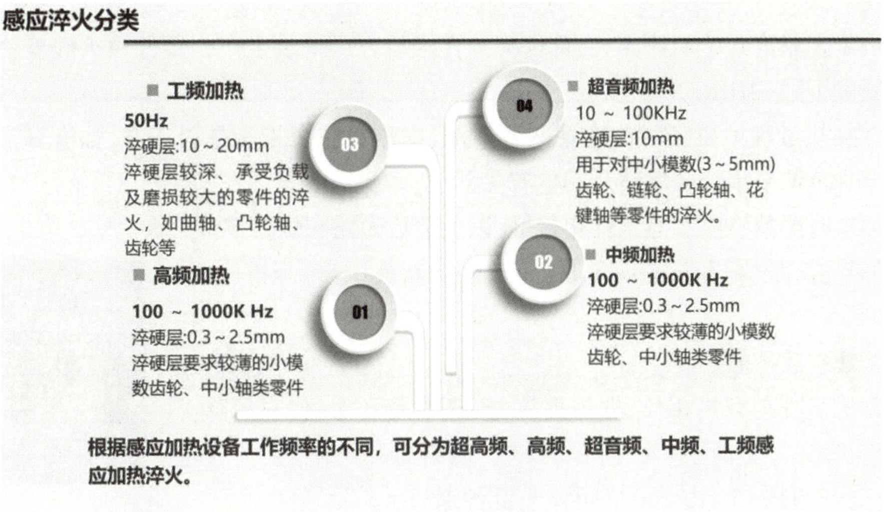

图 4-19　感应淬火分类

感应淬火车床按处理零件类型分类,一般可分为轴类淬火机床、齿轮淬火机床、导轨淬火机床、平面淬火机床、棒料热处理流水线、板材热处理流水线等。

工厂中使用最普遍的是轴类通用淬火机床,在其上添加一些附件,就可以进行其他各种零件的淬火,如齿轮的全齿淬火、单齿淬火、套的内外圆或内外导轨的淬火,端面、平面的淬火等。国内专业厂生产的轴类通用淬火机床的技术规格。淬火机床性能结构参见各厂的产品样本。

图 4-20　扫描二维码观看感应车床型号及参数图片

(a)

(b)

图 4-21　淬火机床

操作方法及注意事项

①把选择合适的感应器牢固地卡在变压器接线板上，并接通冷却水。

②按设备操作规程，接通冷却水，待灯丝预热 30min 后才能给高压。

③把零件装在淬火机床上，并放在淬火位置，调整感应器和零件的间隙后开动淬火机床。

④按工艺规范开始加热淬火，首件检查合格后方可批量生产。零件淬火硬度值不应小于规定硬度下限+3HRC。

⑤在加热过程中要随时注意观察各电流、电压等仪表指示是否正常，如有异常应根据设备操作规范调节耦合或反馈及其他有关部位。

⑥加热时严禁感应器与工件相接触，以免造成短路和烧伤零件。

⑦加热过程中发生异常现象时，应及时切断高压，再分析原因，排除故障。

⑧严禁空载送电。

⑨停机步骤与开机相反，即停振荡器-调节变压器，使高压降至半波整流状态-停止高压-停止灯丝预热-切断总开关-停止淬火水泵-停止灯丝预热 15~20 min 后再停止设备冷却水。

图 4-22　扫描观看感应淬火生产实训视频

测评

1. 知识测评

请确定关键词，按重要程度进行关键词排序并举例解读。根据自己的判断给关键词赋予权重，满分 100 分（表 4-18）。

表 4-18 45 钢制齿轮的感应淬火知识测评表

序号	关键词	举例解读	评分自定
1			
2			
3			
4			
5			

2. 技能测评

表中所列内容,操作规范即得分,操作错误或未操作即零分(表 4-19)。

表 4-19 45 钢制齿轮的感应淬火技能测评表

	技能点	配分	得分
1	感应淬火设备结构	20	
2	感应淬火参数选择	30	
3	感应淬火操作	30	
4	感应淬火后组织与硬度测试	20	
总分	100		

3. 素质测评

表中所列素质点,做到即得分,未做到即零分(表 4-20)。

表 4-20 45 钢制齿轮的感应淬火素质测评表

序号	素质点	配分	得分
1	学习纪律	20	
2	工具使用、摆放	20	
3	严谨认真、一丝不苟的精神	20	
4	工程意识、团队精神	20	
5	实训环境“5S”	20	
总分	100		

项目五　20CrMnTi 钢制齿轮的热处理

项目描述

20CrMnTi 钢制齿轮，技术要求：渗碳层深度为 0.8~1.1 mm，表面硬度为 58~62HRC，心部硬度为 32~45HRC，编制正火、渗碳、淬火、回火工艺；连择设备参数，画出正火、渗碳、淬火和回火工艺曲线，并注明工艺参数。

引导语

随着现代制造技术的发展，热处理的范围已延伸至冲击强化、物理沉积、化学沉积等新技术，并融合了自动化、数字化、信息化、智能化等技术，在技术创新的道路上不断探索。

职业知识

1. 学会根据齿轮材料完成齿轮加工过程中热处理工序的选择
2. 学会等温正火加热温度、保温时间的计算
3. 掌握渗碳基本知识
4. 学会渗碳加热温度、保温时间的计算，选择合理渗碳剂
5. 学会 20CrMnTi 淬火、低温回火工艺参数的选择
6. 知晓可控气氛热处理中气氛的种类及特点
7. 了解可控气氛密封箱式多用炉的结构及特点
8. 能够在操作过程中考虑组织生产的合理性和经济性

职业能力

1. 能够根据齿轮材料正确选择热处理工序
2. 能够编制 20CrMnTi 等温正火工艺参数
3. 能够选择等温正火设备，完成正火操作
4. 能够选择 20CrMnTi 渗碳工艺参数
5. 能够学会井式渗碳炉的操作
6. 能够学会可控气氛密封箱式多用炉的操作
7. 培养生产中经济性的意识，养成工程意识

载体

机床 20CrMnTi 钢制齿轮，技术要求：渗碳层深度为 0.8~1.1 mm，表面硬度为 58~

62HRC,心部硬度为 32~45HRC,PQ2048。

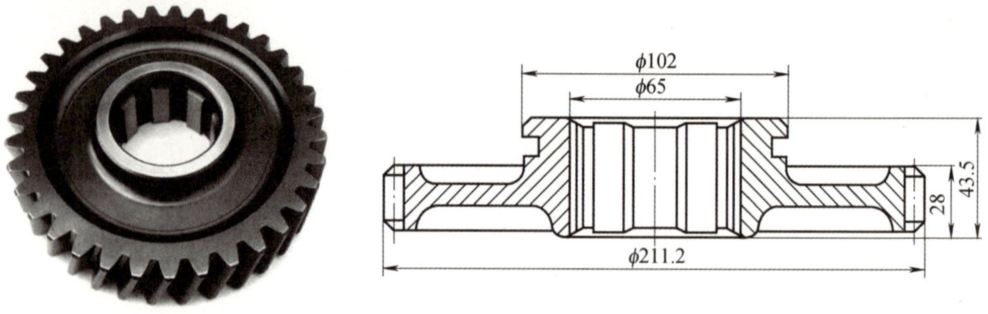

(a) (b)

图 5-1 试验载体

任务 1 20CrMnTi 钢制齿轮的等温正火

根据 20CrMnTi 钢制齿轮的技术要求,选择等温正火加热温度、保温时间等工艺参数;画出等温正火工艺曲线,选择等温正火设备完成 20CrMnTi 钢制齿轮等温正火操作。

职业行动

步骤 1:写出渗碳齿轮的材料和加工路线

写出常用的渗碳钢:

写出渗碳齿轮的加工路线:

评价

☆☆☆☆☆

步骤 2:填写渗碳齿轮预备热处理、最终热处理的作用、组织和硬度(表 5-1)

表 5-1 渗碳齿轮预备热处理、最终热处理

工序	目的	组织	硬度
正火			

表 5-1(续)

<table>
<tr><th>工序</th><th>目的</th><th colspan="3">组织</th><th>硬度</th></tr>
<tr><td rowspan="3">淬火
+回火</td><td rowspan="3"></td><td>表层</td><td colspan="2"></td><td></td></tr>
<tr><td rowspan="2">心部</td><td>淬透</td><td></td><td></td></tr>
<tr><td>未淬透</td><td></td><td></td></tr>
</table>

评价

☆☆☆☆☆

步骤 3:计算 20CrMnTi 齿轮等温正火工艺参数,并绘制工艺曲线

20CrMnTi 的临界温度:Ac3 =

加热温度:

保温时间:

速冷缓冷要求:

等温温度确定原则:

画出等温正火工艺曲线:

步骤 4:等温正火设备及特点

等温正火设备的组成:

特点：

评价

☆☆☆☆☆

步骤 5：质量检验

写出等温正火的质量检验要求：

评价

☆☆☆☆☆

知识拓展

1. 画出锻造预热等温正火工艺曲线
2. 说明锻造预热等温正火工艺与等温正火的区别

职业知识

知识 1：渗碳齿轮

机床、汽车、飞机等机器上的各种齿轮在服役期间，齿面承受较高的压应力及强烈的摩擦和磨损；轮齿不但承受较高的弯曲力矩，而且还承受较高的交变载荷尤其是冲击载荷。因此，要求材料应具备较高的力学性能，表面应具有高硬度、耐磨性而心部具有高的塑性、韧性，即外硬内韧。为满足上述性能要求，常选用低碳钢或者低碳合金钢进行渗碳后达到“外硬里韧”的性能要求。

常用的钢号：20Cr、20CrMnTi、20CrMnMo、20CrMo、22CrMo、20CrNiMo、18Cr2Ni4W、20Cr2Ni4A 等。

渗碳齿轮的加工路线如下：

下料→锻造→正火→齿形加工→渗碳→预冷淬火→低温回火→喷丸→精磨

知识 2：20CrMnTi 齿轮加工中的热处理

预先热处理为正火，其目的是改善锻造组织；调整硬度利于切削加工，正火组织后组织为索氏体+铁素体，硬度为(170～210HB)。

最终热处理为渗碳后预冷到 875 ℃直接淬火+低温回火，预冷的目的在于减少淬火变形,同时在预冷过程中,渗层中可以析出二次渗碳体,在淬火后减少了残余奥氏体量。

最终热处理后其组织由表面为高碳回火马氏体+颗粒状碳化物+残余奥氏体,硬度可达60HRC~62 HRC而心部的组织分为两种情况,在淬透时为低碳马氏体+铁素体;硬度为40HRC~48HRC;未淬透时为托氏体+少量低碳回火马氏体(回火M)+铁素体复相组织,硬度为25HRC~40HRC,韧性A≥48 J。

图5-2　扫描观看20CrMnTi钢制齿轮加工及热处理微课视频

知识3:等温正火

正火是汽车变速器齿轮、轴类零件锻坯预先热处理的常用工艺。普通正火由于受设备限制采用堆装、堆冷方式,会造成不同零件之间或同一零件不同部位的冷却速度及其组织、应力和硬度不均匀、偏差大,导致切削加工性能恶化和热处理变形加大,对于齿轮最终渗碳淬火的硬度、变形等影响很大,从而降低齿轮精度等级和影响齿轮的使用性能。

采用等温正火替代常规正火工艺满足汽车行业中齿轮、轴类零件高精度等级的要求。

等温正火是将工件加热到钢的Ac3或Ac3+30~50 ℃,保温适当时间后,快速冷却到珠光体转变区域某一合适温度,然后在此温度下保温,使不同零件和同一零件的不同部位温度均匀化,并在该温度下均匀地完成铁素体+珠光体转变,然后在空气中冷却或风冷的正火工艺。

等温正火处理包括三个工艺区间:(1)加热与奥氏体均匀化阶段;(2)中间冷却阶段(从奥氏体化温度冷却至等温处理温度的阶段);(3)等温处理阶段以及以后的空冷。

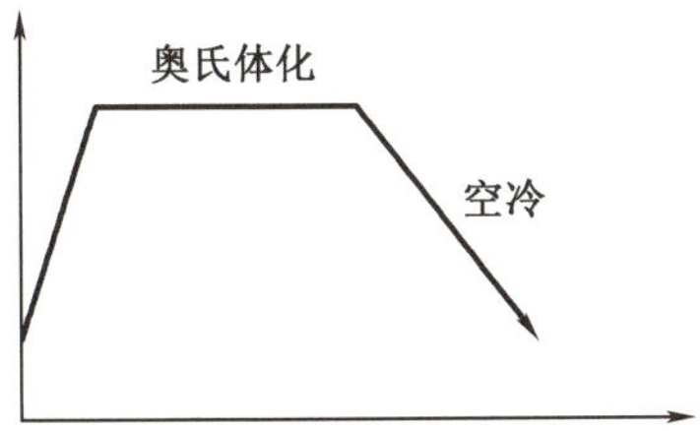

图5-3　普通正火

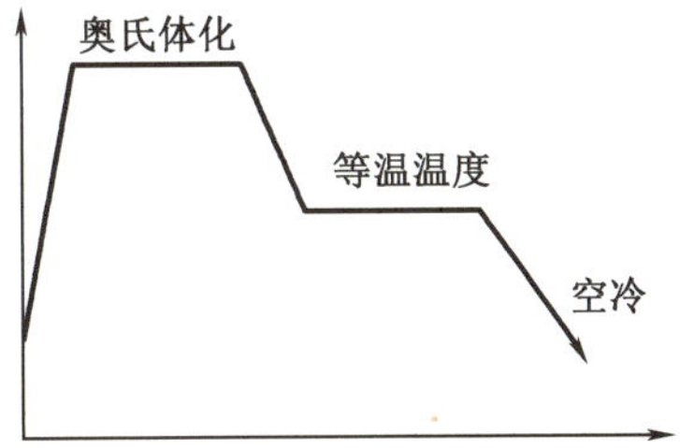

图5-4　等温正火

1. 加热与奥氏体均匀化阶段

奥氏体化加热与保温阶段的温度选择与常规正火的相同,对于低碳合金渗碳钢,同时应考虑相当于或略高于渗碳温度 10~30 ℃。一般采用 920~950 ℃。

20CrMnTiH、20CrMoH、SAE8620H 等易于实现均匀化的钢材来说，一般选择 2~3 小时；而对于 Ni-Cr、Ni-Cr-Mo 钢中的高 Ni 钢，则为了使带状组织消除较好，一般奥氏体化时间应较长，可选择 3~4 小时。

2. 中间控冷阶段：

采取控制冷却的方式，速冷后部分完成铁素体的转变，零件表面的温度一般在 700 ℃左右(可采用红外仪测试零件的温度)

缓冷根据材料等温转变曲线和不同的材料，应使零件表面的温度控制在不同的范围，一般略高于等温处理温度 20~30 ℃。

3. 等温处理阶段：

等温温度和等温时间应依据材料的等温转变曲线、装炉量和零件的有效厚度等加以确定，应充分保证奥氏体向铁素体和珠光体发生转变有足够的时间。

等温温度原则是选取先共析铁素体与珠光体转变的"鼻子"附近温度范围，等温温度一般为 650~680 ℃

等温时间的选择往往根据实际生产经验来确定。参考文献中提出了确定等温时间的简单而有效的方法是：从等温出炉的一批零件中取出一件，放在水中冷却，然后比较等温后和正常空冷条件的硬度，如果水冷零件的硬度明显高于空冷零件的硬度，则说明等温过程不足，需要延长等温时间。

知识 4：等温正火设备

等温正火生产线

生产线用于低合金结构钢的汽车、通用机械齿轮锻坯的等温正火处理。基本组成包括装卸料台，加热炉前后室系统、加热炉、淬火槽系统、快速降温室系统、等温均热炉、出料风冷室、温控及机械动作控制系统(PLC)、应急操作台、工况显示屏、液压气动系统、计算机系统、氮气保护系统及装料盘组成。

设备结构特点：

1. 能进行等温正火及退火两用热处理、工艺使用性强。

2. 正火加热炉带前后室、可通入保护气氛、以减少工件氧化。

3. 快速降温室可采用冷风热风及不同温度的冷 热混合风对工件进行快速冷却、冷却快速均匀、工艺适应范围广。

4. 温度控制采用可控硅"PID"调节，控温精度高、加热质量好。

5. 生产线配置可靠的液压及机械传动装置、全线 PLC 编程自动控制、并设有故障自诊断功能、是一种高可靠的，智能化的热处理自动线。

(a)等温正火生产线

(b)网带式等温正火生产线

图 5-5　等温正火生产线

图 5-6　扫描观看 20CrMnTi 钢制齿轮等温正火微课视频

知识 5:等温正火后组织性能要求

为了保证良好的机械切削加工性能和有效实现热处理变形稳定性的控制,齿坯等温正火一般应达到以下要求:

1. 等温正火处理后,显微组织应为均匀分布的铁素体与珠光体,允许有少量针状铁素体和轻微混晶存在,但不允许存在大块状分布特征的铁素体。

2. 晶粒度为 5-8 级。

3. 带状组织:按照 GB/T13299-1991 评定,应≤2 级。

4. 无贝氏体。

5. 硬度及其均匀性:

硬度要求:在 160-190HB 之间最佳,但从等温正火工艺和设备能力角度考虑,一般要求 156-207HB。

硬度均匀性要求:同一截面、同一毛坯件不同位置硬度差应≤8HB,不同毛坯件硬度差应≤15HB。

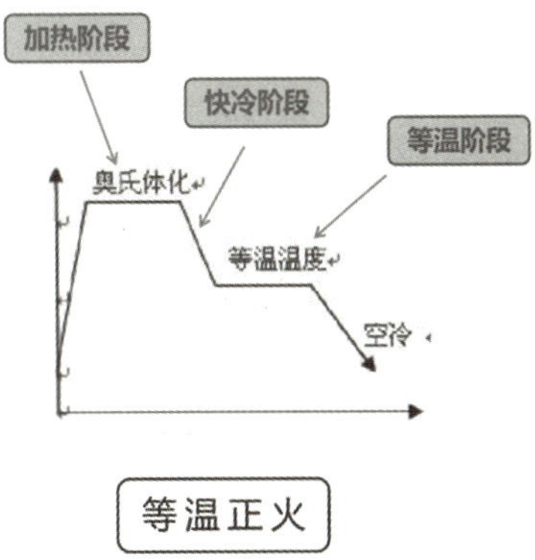

图 5-7　扫描观看等温正火后组织性能要求微课视频

测评

1. 知识测评

请确定关键词,按重要程度进行关键词排序并举例解读。根据自己的判断给关键词赋予权重,满分 100

分(表 5-2)。

表 5-2 20CrMnTi 钢制齿轮的等温正火知识测评表

序号	关键词	举例解读	评分自定
1			
2			
3			
4			
5			

2. 技能测评

表中所列内容,操作规范即得分,操作错误或未操作即零分(表 5-3)。

表 5-3 20CrMnTi 钢制齿轮的等温正火技能测评表

	技能点	配分	得分
1	箱式电阻炉结构	20	
2	热电偶的结构	30	
3	温度设置	30	
4	操作步骤	20	
总分		100	

3. 素质测评

表中所列素质点,做到即得分,未做到即零分(表 5-4)。

表 5-4 20CrMnTi 钢制齿轮的等温正火素质测评表

序号	素质点	配分	得分
1	学习纪律	20	
2	工具使用、摆放	20	
3	严谨认真、一丝不苟的精神	20	
4	工程意识、团队精神	20	
5	实训环境“5S”	20	
总分		100	

任务2　20CrMnTi钢制齿轮的渗碳

根据20CrMnTi钢制齿轮的技术要求，选择渗碳工艺参数；画出渗碳工艺曲线，完成20CrMnTi钢制齿轮滴注式渗碳工艺操作。

职业行动

步骤1：齿轮渗碳

写出渗碳炉中的化学反应：

写出渗碳炉内气体性质：

渗碳气体：

脱碳气体：

评价

☆☆☆☆☆

步骤2：确定20CrMnTi齿轮渗碳工艺参数，并绘制渗碳工艺曲线

渗碳温度：

渗碳时间：

渗碳剂流量选择：

表 5-5 单用煤油进行分段气体渗碳时煤油滴量选择

设备型号		RQ3-35-9	RQ3-60-9	RQ3-75-9	RQ3-90-9
煤油滴量	入炉至温降至最低	90	110	140	155
	炉温回升至排气结束	50	60	75	80
	强渗	60	75	105	115
	扩散降温	35	40	50	55

绘制渗碳工艺曲线

评价

☆☆☆☆☆

步骤 3:井式渗碳炉操作

渗碳设备:

图 5-8 井式渗碳炉操作规范(扫描图片观看齿轮渗碳生产实训视频)

评价

☆☆☆☆☆

步骤 4:选择渗碳后淬火方式,并绘制齿轮热处理工艺曲线

淬火方法:

淬火加热温度:

淬火保温时间：

冷却方式：

回火温度：

保温时间：

绘制齿轮所有热处理工序的工艺曲线

评价

☆☆☆☆☆

步骤5：完成渗碳后淬火+低温回火操作

观看生产视频写出淬火设备和回火设备

淬火设备：

回火设备：

在可大批量生产的专业工厂，用盐浴加热工件时，采用机械化操作，将预热炉、加热炉、冷却炉连成一生产线，用联动机吊挂工件加热和冷却，极大地减轻了操作者的劳动强度。

评价

☆☆☆☆☆

步骤6：质量检验

评价

☆☆☆☆☆

拓展知识

对比不同加热设备对淬火零件质量影响

评价

☆☆☆☆☆

职业知识

知识1:渗碳基本知识

渗碳就是将钢件置于具有足够碳势的介质中加热到奥氏体状态并保温,使其表层形成一个富碳层的热处理工艺。

渗碳目的:提高工件表面硬度、耐磨性及疲劳强度,同时保持心部良好的韧性

渗碳过程中发生的反应:

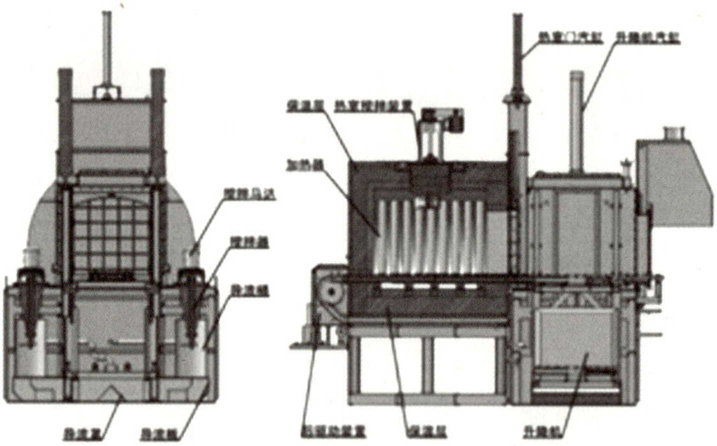

图5-9 扫描观看渗碳基本知识微课视频

$$\begin{cases} 2CO \rightleftharpoons (C)+CO_2 \\ Fe+2CO \rightleftharpoons Fe(C)+CO_2 \end{cases}$$

$$\begin{cases} CH_4 \rightleftharpoons (C)+2H_2 \\ Fe+CH_4 \rightleftharpoons Fe(C)+2H_2 \end{cases}$$

$$\begin{cases} CO+H_2 \rightleftharpoons (C)+H_2O \\ Fe+CO+H_2 \rightleftharpoons Fe(C)+H_2O \end{cases}$$

知识2:渗碳炉内气氛

炉内气氛的主要组成物:CO、CO_2、CH_4、H_2 和 H_2O 等5种气体;CO 和 CH_4 起渗碳作用,其余的起脱碳作用。

渗碳方法包括:固体渗碳、液体渗碳、气体渗碳,其中气体渗碳最常见,气体渗碳具有碳

势可控，生产效率高，劳动条件好，便于直接淬火等

气体渗碳用的渗碳剂分为两类：一类是液体渗碳介质，如煤油、甲醇、乙醇、苯、丙酮等，渗碳时直接滴入渗碳炉内，在高温下首先被汽化，然后经裂解析出活性碳原子；另一类是气体渗碳介质，如天然气、液化石油气等，渗碳时直接通入炉内，裂解析出活性碳原子。目前常用的渗碳剂是煤油、煤油+甲醇等。煤油因成本低、来源广泛、活性强而被广泛采用。缺点是容易产生炭黑。甲醇的产气量高，不易产生炭黑，但成本高，常用做稀释剂，与煤油混合使用。

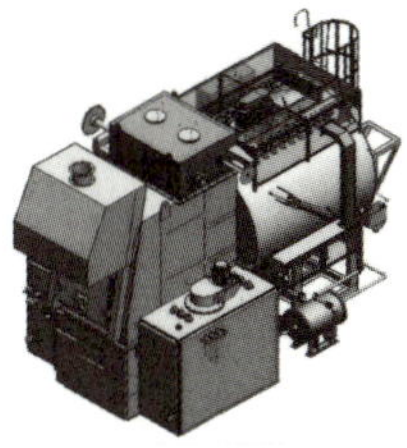

图 5-10　扫描观看渗碳炉内气氛微课视频

知识 3：碳势及测量方法

碳势：是指在一定温度下气氛与钢（奥氏体）中的含碳量达到平衡时，钢的含碳量。

碳势是气体渗碳、脱碳等工艺过程中需要精确控制的主要参数。

炉气的碳势未得到有效控制时，往往造成钢铁组件的渗层表面含碳量或渗层碳浓度达不到工艺要求。

控制气氛中微量的 CO_2、H_2O、CH_4 或 O_2 中的任何一个的含量，就可达到控制渗碳炉中碳势。

碳势测量方法：氧探头、红外线仪、露点仪。

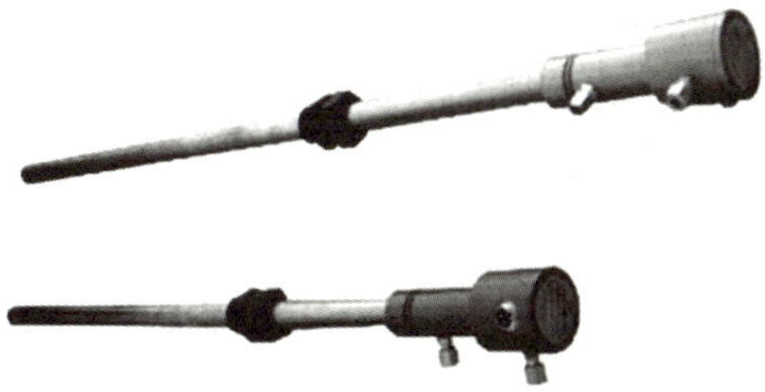

(a)

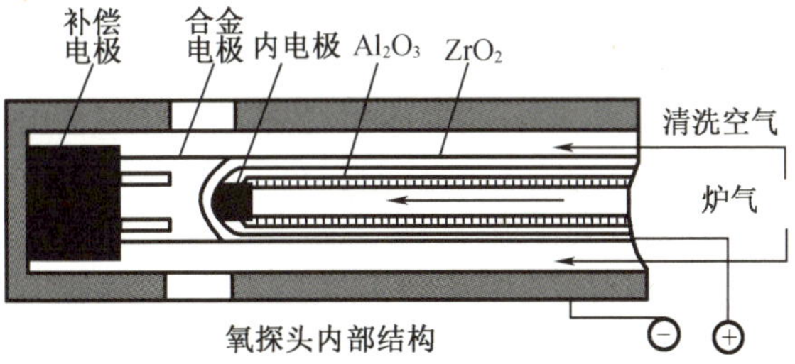

(b)

图 5-11　碳势测量工具

（扫描图 5-11（a）观看氧探头工作原理动画，扫描图 5-10（b）观看碳势测量微课视频）

知识 4：20CrMnTi 齿轮渗碳工艺

渗碳设备选择 RQ3 型井式气体渗碳炉，选用煤油和甲醇同时滴入。

渗碳工艺参数包括：渗碳温度、渗碳时间、炉压

1. 渗碳温度

20CrMnTi 钢的上临界点（Ac_3）约为 825 ℃，渗碳时组织必须全部转变为奥氏体。因为 γ+Fe 的溶碳能力远比 α+Fe 要大，所以 20CrMnTi 的渗碳温度略高于 825 ℃，但综合考虑渗碳速度和渗碳过程中齿轮的变形问题，宜选在 920~940 ℃之间。

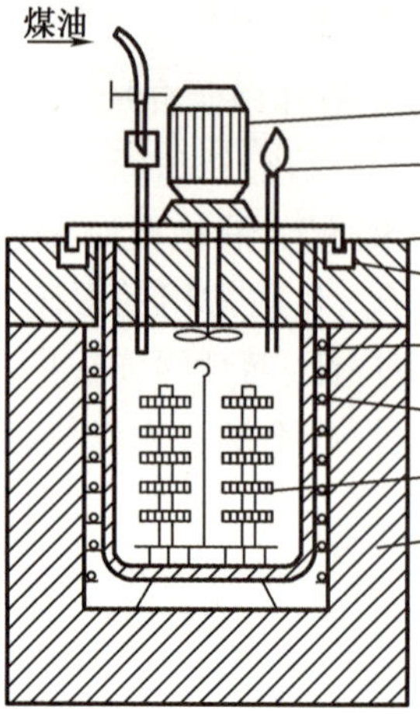

图 5-12　渗碳工艺(扫描观看井式渗碳炉结构及使用动画)

2. 渗碳保温时间

在齿轮材料已确定的前提下,渗碳时间主要取决于要求获得的渗碳层深度。

渗碳层深度与时间的关系可用下式表示:

$$\delta = kt^{1/2}$$

式中　δ——渗碳层总深度;

t——渗碳总时间;

K——与渗碳温度有关的系数。

对于要求渗碳层深度为 0.8~1.3 mm 的汽车变速箱齿轮而言,需外加磨量才能获得实际渗碳层深度,假设齿轮磨量单面为 0.15 mm,则实际渗碳层深度为 0.95~1.45 mm,因此选择强渗时间为 4 h,扩散时间为 2 h。

3. 渗碳剂的供给量

渗碳操作时,以每分钟滴入渗碳剂的毫升数计算。对于具体炉子,再按实测每毫升多少滴折算成“滴/min”。以 75 kW 井式炉为例,在每炉装的零件的总面积为 2~3 m^2 时,强渗阶段煤油的滴量应为 2.8~3.2 mL/min,甲醇的滴量应为 5 mL/min。如果实测得煤油 1 mL 有 28 滴,而甲醇 1 mL 有 30 滴,那么操作时,煤油可按照(84±5)滴/min 计,甲醇按 150 滴/min 计。

知识 5:井式电炉滴注式气体渗碳工艺

如图 5-13 所示为 RQ3-75-9D 井式炉气体渗碳的典型工艺。渗碳介质采用煤油+甲醇。

20CrMnTi 变速箱齿轮的渗碳工艺如图 5-14 所示,渗碳剂选用煤油和甲醇同时直接滴入炉膛。工艺曲线的渗碳过程可分四个阶段,即排气、强渗、扩散及降温出炉(缓冷或直接淬火)。

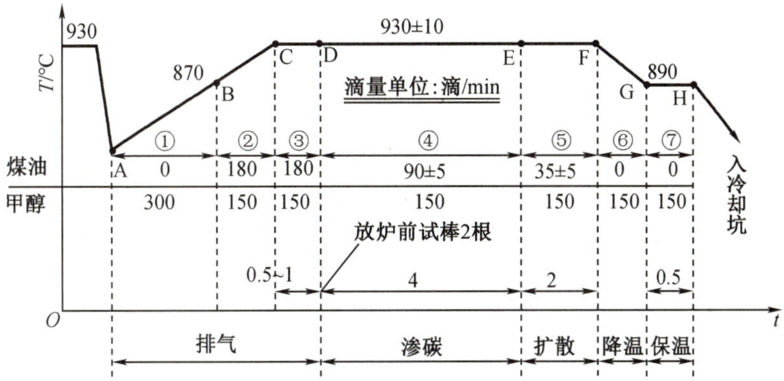

图 5-13　RQ3-75-9D 井式炉气体渗碳的典型工艺(渗层深度为 0.8~1.2 mm)

(扫描观看渗碳工艺参数微课视频)

随着热处理生产自动化程度的提高,井式电炉滴注式气体渗碳的碳势和渗碳工艺过程,可以采取红外线气体分析仪和氧探头法,配以计算机实现自动控制。

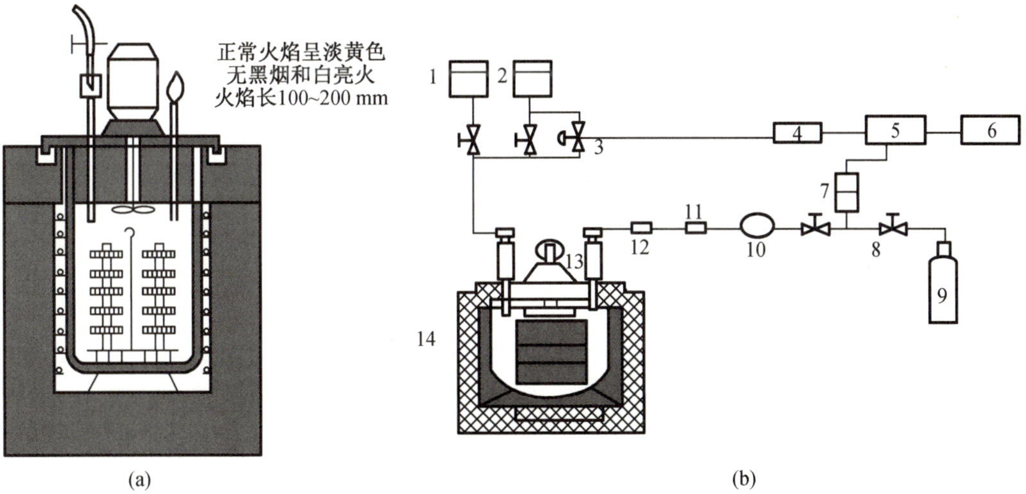

1—甲醇;2—煤油;3—电磁阀;4—调节器;5—红外仪;6—记录仪;7—流量计;8—开关;

9—标准气瓶($\varphi CO_2=1\%$);10—取样泵;11—过滤器;12—干燥器;13—冷却器;14—井式渗碳炉。

图 5-14　井式电炉滴注式气体渗碳工艺

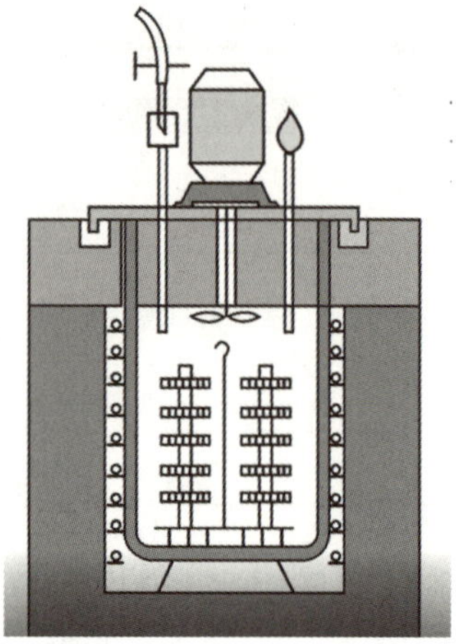

图 5-15　扫描图片观看根据废气火焰判断炉内碳势动画

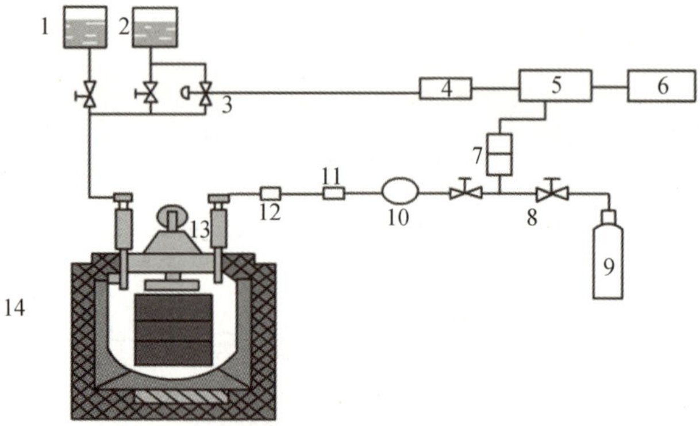

1—甲醇；2—煤油；3—电磁阀；4—调节器；5—红外仪；6—记录仪；7—流量计；8—开关；
9—标准气瓶（$\varphi CO_2=1\%$）；10—取样泵；11—过滤器；12—干燥器；13—冷却器；14—井式渗碳炉。

图 5-16　扫描图片观看根据碳势自动控制动画

图 5-17　扫描观看井式电炉滴注式气体渗碳微课视频

知识6：渗碳后质量检验

汽车变速箱齿轮经渗碳后的质量检查主要包括以下几方面。

(1)渗碳层厚度的测定：测定渗碳层厚度的方法很多，能得到行家认可的方法是显微分析法。对20CrMnTi制的渗碳齿轮讲，应从渗碳试样表面测至基体组织为止。

(2)金相组织检验：20CrMnTi经渗碳后，正常的渗碳组织从表面到心部为：渗碳体+珠光体、珠光体 、珠光体+铁素体，其中渗碳体+珠光体叫过共析层，珠光体+铁素体叫亚共析层。

(3)表面及心部硬度检查：表面硬度以齿顶的表面硬度为准，以轮齿端面三分之一齿高位置处的检测值作为心部硬度。

(4)渗碳层表面含碳量的检查：齿轮表面含碳量的检查一般采用剥层试样，将每层(一般为0.10 mm)铁屑剥下来进行定碳化验。

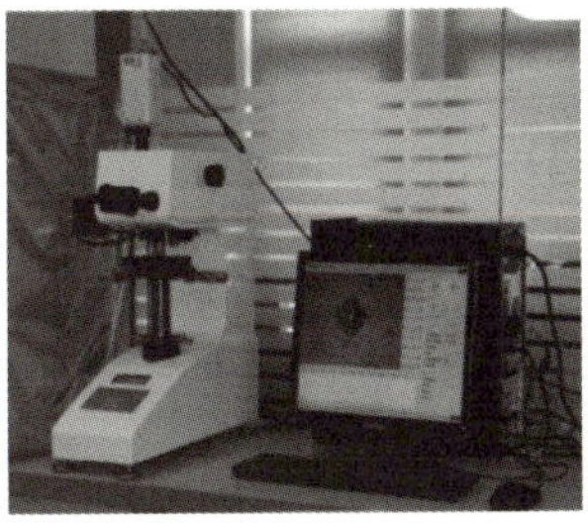

图5-18　扫描观看渗碳后的质量检验微课视频

知识7：20CrMnTi齿轮渗碳后热处理

渗碳处理后，齿轮由表层的高碳(0.8%~1.05%)逐渐过渡到基体的低碳，渗碳后缓冷的组织由外向里一般是：过共析层+共析层+亚共析层。这种组织不能使齿轮获得必需的使用性能，只有渗碳后的热处理才能使齿轮获得高硬度、高强度的表面层和韧性好的心部。

1. 直接淬火

根据汽车变速箱齿轮的性能要求和渗碳零件的热处理特点，20CrMnTi钢制齿轮在井式炉气体渗碳后常采用直接淬火。图5-19所示是渗碳后直接淬火的工艺规范。齿轮经渗碳后延时到一定温度(850~860 ℃)即行直接油冷淬火。

至于延时温度，因为要保证齿轮的心部强度，故选Ar_3，这样可避免心部出现大量游离铁素体。20CrMnTi钢的过热倾向小，比较适合于采用直接淬火，这样可以大大减少齿轮的热处理变形和氧化退碳，也提高了经济效益。

2. 回火

齿轮直接淬火后，还要经低温回火，回火温度视淬火后的硬度而定，一般在(180±10)℃。低温回火后，虽然渗碳层的硬度变化很小，但是，因为回火过程消除了应力，改善了组织，使得渗碳层的抗弯强度、脆断强度和塑性得到了提高。

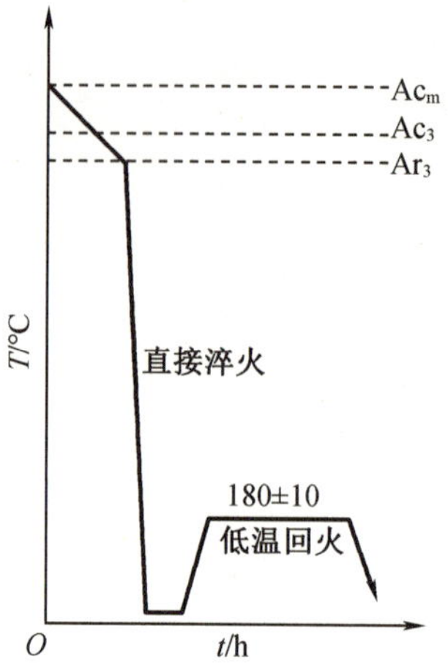

图 5-19　渗碳后热处理

3. 一次淬火+低温回火设备

一次淬火法是将工件自渗碳后以适当方式冷至室温，然后再重新加热淬火并低温回火。对于要求心部有较高强度和较好韧性的零件，可以细化晶粒。这是大型齿轮、齿轮轴等经常采用方法。

一次淬火可采用盐浴炉。盐浴炉炉体结构简单，加热速度快且均匀，工件变形小和不易氧化脱碳等。盐浴炉的缺点是：装料少，只适用于中小型零件的加热；劳动条件较差，有的介质有毒，对健康有害；操作不够安全，水滴入炉会引起熔盐飞溅，易发生事故；需用较多辅助时间，如启动、脱氧等；需配置变压器、抽风机等辅助设备。

装炉方法一般有两种：

一是用卡具，将工件插在卡具孔中，立放，再用铁钩挂起卡具进炉内；

另一种是用铁丝绑扎工件，或用铁丝将内孔工件串起，再用铁钩挂起进炉加热。

低温回火可采用油浴炉，在 80～150 ℃低温回火时，采用汽缸油和锭子油炉加热，其炉温均匀，材料成本低。油浴炉回火操作时需注意安全，油的燃点低，应谨慎操作，防止起火。

图 5-20　一次淬火+低温回火设备

知识 8：渗碳齿轮金相检验

20CrMnTi 经渗碳+淬火+回火处理后，其表层组织应为回火马氏体+均匀分布的细粒状碳化物+少量残余奥氏体,心部组织为低碳马氏体+少量铁素体。马氏体,残余奥氏体、碳化物采用《重载齿轮渗碳金相检验》评定。

图 5-21　扫描观看渗碳后淬火、低温回火微课

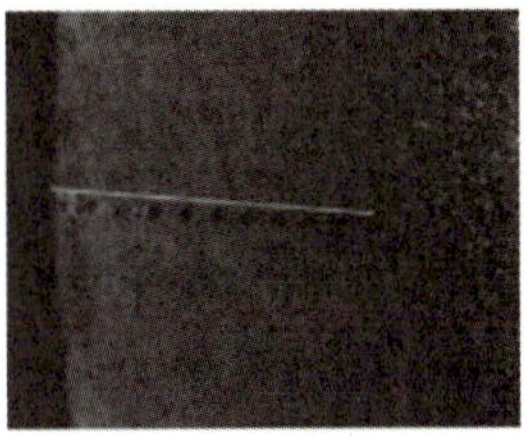

图 5-22　扫描观看渗碳齿轮金相检验微课

拓展知识

由于盐浴炉工作环境及环保要求,随着设备是升级换代,淬火设备可选用选择可控气氛密封箱式多用炉进行齿轮渗碳+淬火处理,也可以采用真空油淬炉进行渗碳淬火处理。

图 5-23　可控气氛密封箱式多用炉

图 5-24　真空油淬炉

图 5-25　扫描真空炉图片观看不同加热设备对淬火零件质量影响微课视频

测评

1. 知识测评

请确定关键词,按重要程度进行关键词排序并举例解读。根据自己的判断给关键词赋予权重,满分 100 分(表 5-6)。

表 5-6 20CrMnTi 钢制齿轮的渗碳知识测评表

序号	关键词	举例解读	评分自定
1			
2			
3			
4			
5			

2. 技能测评

表中所列内容,操作规范即得分,操作错误或未操作即零分(表 5-7)。

表 5-7 20CrMnTi 钢制齿轮的渗碳技能测评表

	技能点	配分	得分
1	渗碳工艺参数的选择	20	
2	渗碳后质量检验操作	30	
3	渗碳后淬火、回火操作	30	
4	渗碳齿轮金相检验操作	20	
总分		100	

3. 素质测评

表中所列素质点,做到即得分,未做到即零分(表 5-8)。

表 5-8 20CrMnTi 钢制齿轮的渗碳素质测评表

序号	素质点	配分	得分
1	学习纪律	20	
2	工具使用、摆放	20	
3	严谨认真、一丝不苟的精神	20	
4	工程意识、团队精神	20	
5	实训环境“5S”	20	
总分		100	

任务3 20CrMnTi钢制齿轮可控气氛密封箱式多用炉生产

知晓可控气氛热处理设备的特点，掌握可控气氛密封箱式多用炉的操作规程，完成20CrMnTi钢制齿轮多用炉渗碳操作。

职业行动

步骤1：多用炉结构

填写多用炉的组成部分

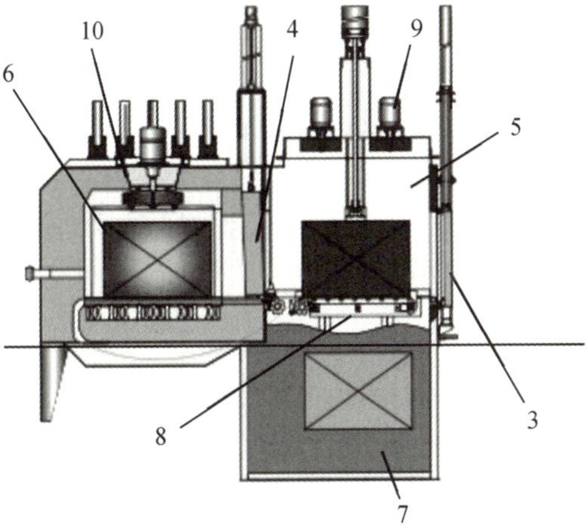

图5-26 扫描图片观看多用炉动画

评价

☆☆☆☆☆

步骤2：多用炉的启用

写出多用炉启炉过程：

图5-27 扫描图片观看多用炉生产过程视频

评价

☆☆☆☆☆

步骤3:填写汽车齿轮多用炉生产工艺流程

填写20CrMnTi钢制齿轮多用炉生产工艺流程(表5-9)

表5-9 20CrMnTi钢制齿轮多用炉生产工艺流程

步骤	工序	要求	设备
1			
2			真空清洗机
3			预热炉
4			多用炉
5			真空清洗机
6			洛氏硬度计
7			回火炉
8			洛氏硬度计

评价

☆☆☆☆☆

拓展知识

图5-28 扫描观看真空清洗炉工作视频

职业知识

知识1:可控气氛热处理

为防止氧化、脱碳等缺陷,将热处理炉中充入中性气氛或还原气氛等,对工件进行保护加热处理,或同时进行渗碳、渗氮、碳氮共渗等化学热处理,称为可控气氛热处理。

按原料分类,主要的可控气氛包括:碳氢化合物、空气制氮的氮基气氛、液氨制备的气

氛、有机液体的滴注式气氛,碳氢化合物又包括吸热式气氛、放热式气氛、净化放热式气氛

工业使用率的统计上看放热气氛 25%,吸热气氛 25%,净化的氮基或单组分气体气氛 30%分解氨气氛 12%,其他气氛 8%。

图 5-29　扫描观看可控气氛热处理微课视频

知识 2:可控气氛密封箱式多用炉

可控气氛热处理炉可以实现工件的无氧化脱碳加热或对工件进行化学热处理。用于淬火的称光亮淬火炉,用于渗碳的称密封式渗碳炉,用于渗碳、氮化、淬火、正火和退火多种热处理工艺的则称多用炉。

1. 工件在可控气氛中加热、渗碳并在同一设备内淬火,克服了加热和淬火分别在两个设备中进行的缺点,既保证产品质量,又改善劳动条件和减少环境污染。

2. 炉子可实现机械化和自动化操作,便于与其他设备组成流水生产线。

在可控气氛密封式多用炉中超级渗碳工艺是将天然气或其他燃料(如丙酮、丙烷或是除甲醇之外的醇类)和空气直接注入炉内进行燃烧获得渗碳气氛。

此工艺具有省原料气,最多可节省 90%;设备简单,投资少,不需要吸热式气氛发生器、制氮机;气氛调节快,这一点对薄层渗碳非常重要;强渗期速度快,一般快 20%左右;与氮-甲醇系统比较,内氧化倾向小;渗层均匀好等特点。

可控气氛密封箱式多用炉结构如图 5-30 所示。

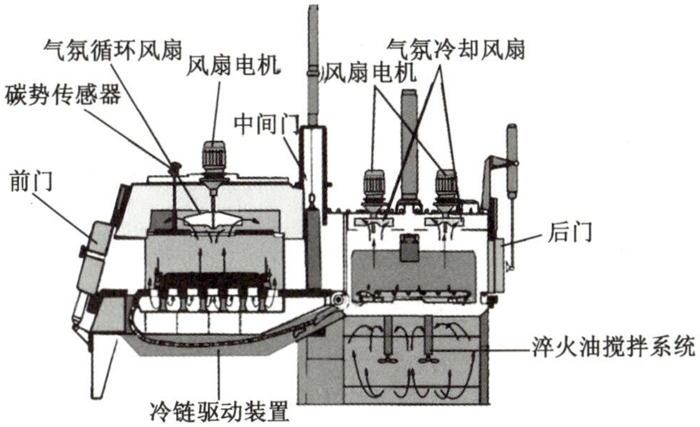

图 5-30　可控气氛密封箱式多用炉结构(扫描观看可控气氛热处理密封箱式多用炉微课视频)

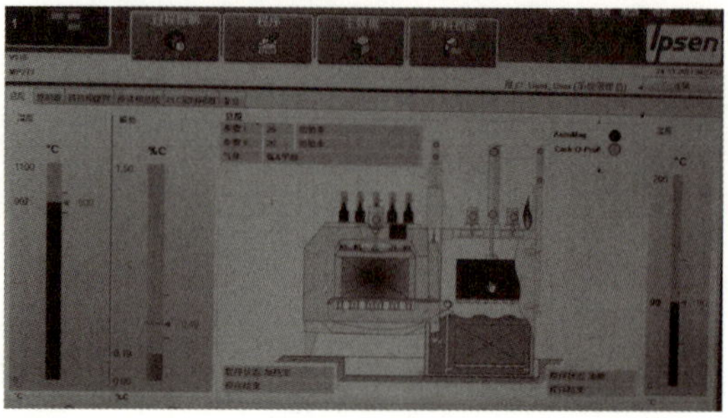

图 5-31　扫描观看多用炉生产实训视频

知识 3：多用炉操作规程

启炉操作：

在每次启动设备前，必须对所有部件进行彻底的检查，结构部件损坏会导致操作故障和重大损坏。

准备：

-炉门须处于打开状态；

-安装好拆除的红色弯管；

-检查工艺介质的储量；

-检查氮气储量；

启炉：

1. 接通电源。

2. 接通“控制电压开”，“变频器电源开”。

3. 等待系统启动完成后打开后室风扇，油搅拌器转到自动，前室风扇转到自动，启动油冷却泵。

4. 全面检查各机械动作（升降台、中门、推拉链的运转；循环风扇、油搅拌的运转平稳性以及噪音）是否正常，及时处理异常情况，保证设备动作正常。

5. 接通“加热控制开”，启动后室温控，按照多用炉升温曲线进行升温。

6. 启动油槽加热，等油温达到设定值后检查淬火油油位是否达到标准油位高度，如果油位过低应及时添加淬火油，使油位达到要求高度。

注意：淬火油油位以油搅拌器慢速搅拌时为准。

7. 升温同时检查配气系统各供气压力是否正常，保证设备供气正常。400 ℃后应通入少量氮气，对后室炉内构件进行保护。

8. 打开废气烧嘴截止阀，按下“废气点火”按钮点燃废气烧嘴，检查烧嘴工作是否稳定，打开前门火帘的截止阀，按火焰控制器上的红色指示灯，火帘燃烧后关闭前门，前室换气完成后再次打开前门，观察火帘及前门联锁是否正常，前室高压充氮是否正常动作，前室换气时间是否正确执行。在关闭前门的同时应检查炉压是否正常，一般情况下，3 m^3/h 左右的氮气流量应该能够达到 240 Pa 左右的炉压。

在炉料程序:根据材料选择合适的程序,设置渗碳层深度,保温时间

在渗碳过程中系统自动记录渗碳过程中温度、碳势、CO%的分布情况,数据可进行保存,任何批次的产品出现质量问题均可以溯源。

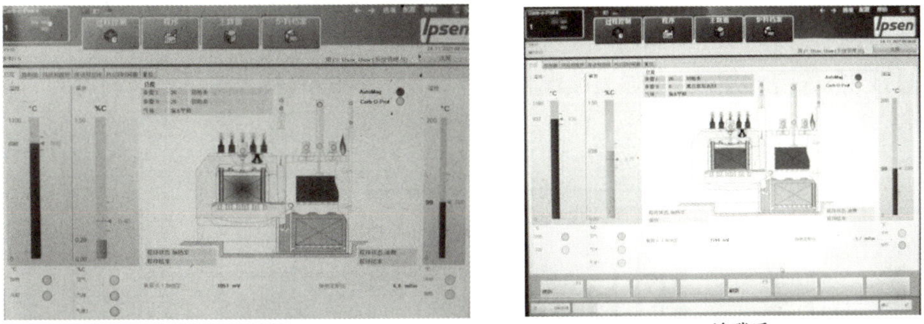

(a)渗碳前　(b)渗碳后

图 5-32　渗碳过程

知识 4:20CrMnTi 钢制齿轮可控气氛密封箱式多用炉生产

某厂 20CrMnTi 钢制齿轮可控气氛密封箱式多用炉生产生产工艺卡及工艺过程(表 5-10)

表 5-10　工艺过程

步骤	工序	要求	设备
1	装炉	检查产品无锈,划痕;选用专用工装,使用前检查工装情况	
2	前洗	采用真空清洗机清洗零件,清洗后检查外观,产品烘干,无油污,锈渍等情况	B02
3	预热	400±10 ℃预热 30~60 分钟	C05
4	淬火	进炉前确认程序和工艺卡一致,调取正确程序,过程中检查温度、碳势、流量等参数在合格范围	A02/03
5	后洗	采用真空清洗机清洗,清洗后检查外观,产品烘干,无油污,锈渍等情况	B02
6	检验	抽检 1 片,检验硬度 55~60HRC, 检验合格后再进行回火	
7	回火	选取要求的回火炉,程序的回火温度与工艺卡一致	C02/C06
8	检验	回火检验 3 片,要求 40~45HRC	

知识 5:多用炉渗碳生产线

超级渗碳(丙酮)汽车齿轮表面硬化该生产线:采用 321 线,即一条生产线包括 3 个渗碳主炉、2 个回火炉和 1 个清洗机)为贯通式密封多用炉,工件在前室完成预热和渗碳后,送入后室淬火,然后直接从后面出炉,减少加热室的空闲时间,提高了生产效率,降低了能源

消耗。

真空清洗机

DMWV 型清洗机为双液真空清洗机，具有两个液槽和一个清洗工作室，通过真空发泡和干燥，单门设计形式。炉料从同一端装入或卸出。此清洗机适用于被处理工件的前/后清洗。

主要特点：

通过浸泡、气泡的爆破力、强力喷淋使工件表面附着的油及污渍与工件剥离

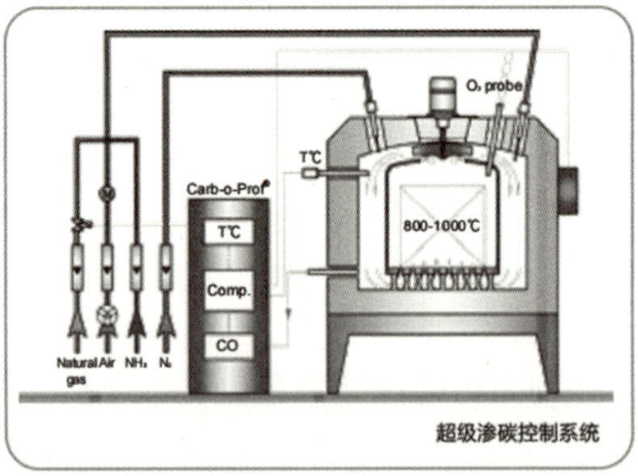

图 5-33　扫描观看 41-20CrMnTi 多用炉渗碳生产工艺微课视频

真空清洗机对形状复杂以及油易附着的工件清洗效果更好；

特别设计的吹油、撇油、油水分离装置使分离后的油经处理后可回收利用；

工件清洗高效、成本低廉；

真空干燥节能降耗；

测评

1. 知识测评

请确定关键词，按重要程度进行关键词排序并举例解读。根据自己的判断给关键词赋予权重，满分 100 分（表 5-11）。

表 5-11　20CrMnTi 钢制齿轮可控气氛密封箱式多用炉生产知识测评表

序号	关键词	举例解读	评分自定
1			
2			
3			
4			
5			

2. 技能测评

表中所列内容,操作规范即得分,操作错误或未操作即零分(表5-12)。

表5-12　20CrMnTi钢制齿轮可控气氛密封箱式多用炉生产技能测评表

	技能点	配分	得分
1	密封箱式多用炉结构	20	
2	填写渗碳工艺卡	30	
3	密封箱式多用炉操作	30	
4	多用炉生产线	20	
总分		100	

3. 素质测评

表中所列素质点,做到即得分,未做到即零分(表5-13)。

表5-13　20CrMnTi钢制齿轮可控气氛密封箱式多用炉生产素质测评表

序号	素质点	配分	得分
1	学习纪律	20	
2	工具使用、摆放	20	
3	严谨认真、一丝不苟的精神	20	
4	工程意识、团队精神	20	
5	实训环境"5S"	20	
总分		100	

项目六　38CrMoAlA 钢制镗床主轴的热处理

项目描述

38CrMoA1 钢制镗床主轴，技术要求：调质硬度为 250-280HBW，表面硬度≥900HV，成品主轴轴向圆跳动≤0.005 mm，渗氮层深度 ≥0.40 mm；脆性 ≤2 级。编制、调质，去应力退火，渗氮工艺；选择设备参数，画出调质、去应力退火、渗氮工艺曲线，并注明工艺参数。

引导语

热处理技术赋予了材料理想组织结构和使用性能，保证和提高了零部件质量与使用寿命、充分发挥材料潜力，其工艺技术能力和水平是衡量一个国家、企业整体制造水平的重要标志之一。

职业知识

1. 会根据主轴材料完成主轴加工过程中热处理工序的选择
2. 掌握 38CrMoAlA 主轴调质工艺中加热温度、保温时间等参数的选择
3. 够确定 38CrMoAlA 主轴去应力工艺参数
4. 掌握 38CrMoAlA 渗氮工艺中加热温度，渗氮时间工艺参数的选择
5. 能够掌握渗氮炉的结构和操作规程

职业能力

1. 能够根据主轴材料正确选择热处理工艺
2. 能够根据技术要求和生产条件选择调质加热设备
3. 能够学会渗氮炉的操作
4. 能够学会渗氮后质量检验
5. 培养生产中养成工程意识，在操作过程中考虑组织生产的合理性和经济性

载体

镗床 38CrMoAlA 钢制主轴，技术要求：调质硬度为 250-280HBW，表面硬度≥900HV，成品主轴轴向圆跳动≤0.005 mm，渗氮层深度≥0.40 mm；脆性≤2 级。

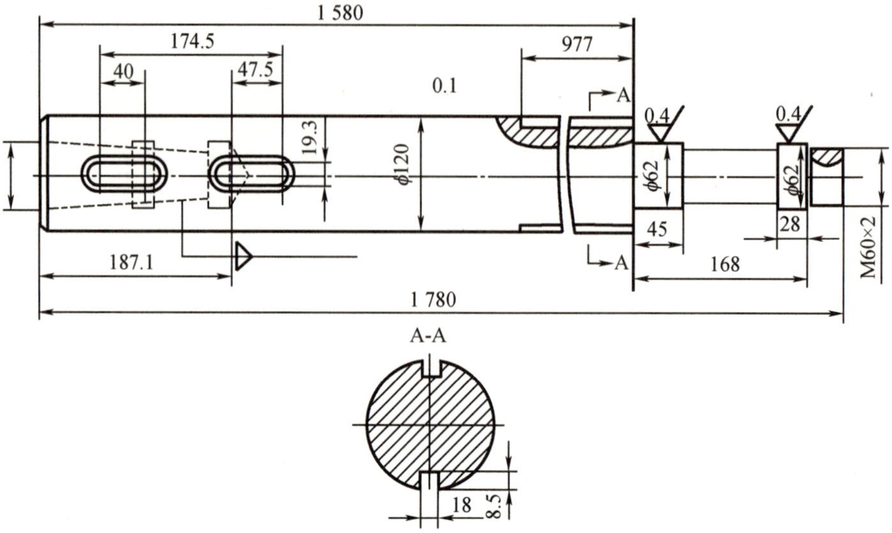

图 6-1　试验载体

任务 1　38CrMoAlA 钢制镗床主轴预备热处理

根据 38CrMoAlA 钢制镗床主轴的技术要求，正确选择选择锻后退火，调质，去应力退火加热温度、保温时间等工艺参数；画出后退火，调质，去应力退火工艺曲线，选择加热设备完成 45 钢制齿轮后退火，调质，去应力退火操作。

职业行动

步骤 1：写出主轴加工常用的材料和加工路线

写出常用的主轴材料：

写出渗氮主轴的加工路线：

评价

☆☆☆☆☆

步骤 2:填写渗氮主轴加工路线中各热处理工序的作用、组织和硬度(表 6-1)

表 6-1　热处理工序参数

热处理工序	目的	组织	硬度

评价

☆☆☆☆☆

步骤 3:查询 38CrMoAlA 的临界温度,确定锻后退火工艺参数,并选择退火设备

38CrMoAlA 的临界温度:Ac3 =

锻后退火加热温度

保温时间:

退火设备:

评价

☆☆☆☆☆

步骤 4:确定调质工艺参数,并选择淬火、回火设备

淬火加热温度:

保温时间:

回火温度：

回火时间：

淬火、回火设备：

评价

☆☆☆☆☆

步骤5：确定去应力工艺参数，并绘制锻后退火、调质、去应力退火工艺曲线

去应力退火加热温度：

保温时间：

退火、调质、去应力退火热处理工艺曲线：

评价

☆☆☆☆☆

步骤6：锻后退火、去应力退火操作要点

评价

☆☆☆☆☆

职业知识

知识 1:主轴材料及加工

主轴是机床的重要零件之一，主要传递动力。切削加工时，高速旋转的主轴承受弯曲、扭转和冲击等多种载荷，要求它具有足够高的强度、刚度、耐疲劳、耐磨损以及精度稳定等性能。

根据主轴的工作条件，根据工件材料和热处理方式可分为四种，即局部淬火主轴、渗碳主轴、渗氮主轴和调质主轴。与滚动轴承与静压轴承配合的主轴宜采用渗碳淬火主轴或局部淬火主轴，大直径渗碳淬火主轴应选用含合金元素多的渗碳钢，有效渗碳硬化层深度取上限。局部淬火主轴一般选用中碳结构钢，硬度要求高的可选用高碳结构钢。与滑动轴承配合的主轴，宜采用渗氮主轴，要求较低的也可以采用渗碳主轴或高碳合金钢主轴。调质主轴仅适用于部分重型机床或低速机床。

一般来说，轴类零件以车削、磨削为主要加工方法。其工艺路线如下：

1. 下料→粗车→正火或调质→半精车、精车→淬火→粗、精磨外圆→检验。

2. 锻造→正火→机加工内外圆→高频感应加热淬火→精、粗磨至尺寸

3. 锻造→退火→机加工→调质→机加工→去应力退火→机加工→渗氮→精磨→车螺纹→超精研磨

4. 锻造→正火→粗车→渗碳→车去碳层→淬火、冷处理、回火→粗磨→冷处理→低温时效→精磨

不同性能要求的主轴常用材料和热处理后的性能见表 6-2。

表 6-2　不同性能要求的主轴常用材料和热处理后的性能

序号	主轴类型	钢材	热处理	性能
1	一般机床主轴、传动轴	45	调质	HRC22~28
2	载荷较大，或表面要求较硬的主轴	40Cr	淬硬	HRC48~55
3	滑动轴承的主轴轴颈	40Cr	高频淬硬	HRC55~62
4	轴颈处需要高硬度或冲击性较大的主轴	20Cr	渗碳淬硬	HRC56~62
5	高精度机床主轴，热处理变形较小	9Mn2V	淬硬	HRC59~62
6	高精度机床主轴，保证热处理变形小	38CrMoAlA	渗氮	HV850~1200
7	载荷较大的重型机床主轴	50Mn2	调 质	HRC28~35

知识 2:38CrMoAlA 主轴加工中的热处理

38CrMoAlA 主轴预先热处理为锻后退火，调质，去应力退火

锻后退火一般在毛坯生产之后，目的是为了改善组织，消除锻造后应力，为最终热处理

做准备

调质是为了获得较好的综合机械性能，提高心部力学性能，同时减小渗氮时氮化物分布的不均匀性。调质后组织为回火索氏体，硬度为 250-280HBW；

去应力退火安排在机加工过程中，消除机械加工过程中产生的内应力，稳定零件尺寸，减小工件渗氮过程中的变形

最终热处理为渗氮在主轴表面形成一层极硬的氮化物硬化层，获得极高的硬度，耐磨性和一定的抗蚀能力，渗氮后硬度可达 850~1 200HV。

图 6-2　扫描观看主轴加工及热处理微课视频

知识 3：锻后退火

对于亚共析钢的锻后退火一般采用完全退火，将工件完全奥氏体化后缓慢冷却，获得接近平衡组织的退火工艺。

目的是为了消除锻后组织及硬度的不均匀性，改善切削加工性能和为后续热处理做准备。

退火后组织为珠光体和铁素体组织 P+F。

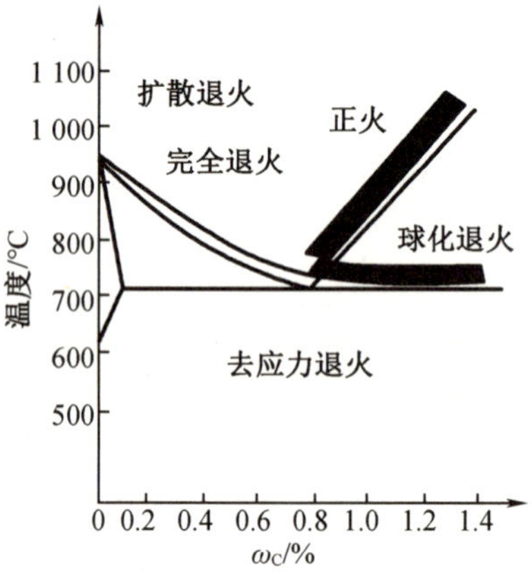

图 6-3　退火加热温度选择范围

锻后退火的工艺参数包括：

1. 加热温度

碳钢：Ac3+(20~30)℃

合金钢：Ac3+(50~70)℃

2. 加热速度

一般随炉升温

形状复杂的碳钢和中、高合金钢，一般在(80~100)℃/h

3. 保温时间

保温时间可按下式计算：

$$t=KD$$

式中　t——保温时间，单位 min；

K——加热系数，一般为 1.5~2.0 min/mm；

D——工件的有效厚度，单位 mm。

对于亚共析钢锻、轧钢材，其保温时间可短于钢锭的保温时间

保温时间按经验公式计算：

$$t=(3\sim4)+(0.2\sim0.5)Q$$

式中　t——保温时间，单位 h；

Q——装炉量，单位为 t。

若装炉量过大，适当延长保温时间。

4. 冷却速度

碳钢：小于 200 ℃/h；

低合金钢：100 ℃/h；

高合金钢：50 ℃/h。

冷却至 600 ℃左右即可出炉空冷。

知识 4：38CrMoAlA 钢制主轴调质处理

渗氮前必须进行调质处理，保证渗氮件心部具有足够的力学性能，为氮化提供良好的原始组织和减少尺寸变化。调质时应注意避免出现游离铁素体。调质处理后工作表面（厚度至少是渗氮层厚度的 3 倍）获得单一索氏体，有助于提高渗氮质量和降低脆性。

渗氮前的调质硬度十分重要，过高会造成渗氮后硬度居高不下，调质硬度过低，渗氮会出现硬度不足。

调质处理时淬火加热温度 930~940 ℃，保温 2 h，油冷，回火温度 620~640 ℃，保温 3~4 h，空冷。调质后工件硬度为 250~280HBS。

知识 5：38CrMoAlA 钢制主轴去应力退火

为减小工件渗氮过程中的变形，在机加工过程中需要增加 1~2 道除应力处理。去应力退火是为去除工件塑性形变加工、切削加工或焊接加工过程中造成的内应力及铸件内存在的残余应力而进行的退火。

【特点】钢材在去应力退火的加热及冷却过程中无相变发生。

【加热温度】加热到 Ac1 以下的 500~650 ℃，保温，缓冷至室温。保温时间比回火时间要长些，再缓慢冷却到室温。

【注意事项】去应力退火的加热温度均应低于回火温度。

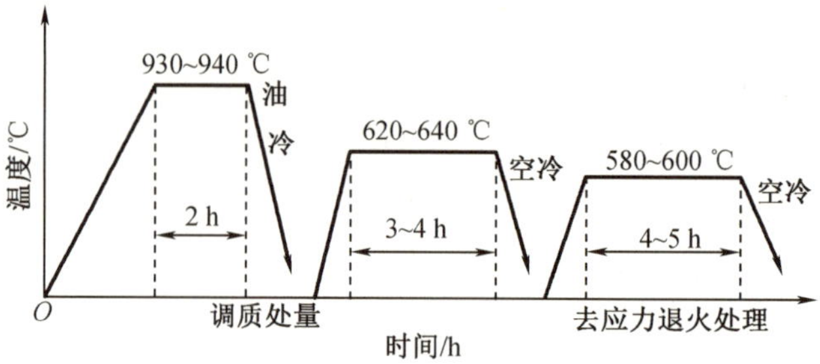

图 6-4　38CrMoAlA 调质、去应力退火工艺曲线

（扫描观看 38CrMoAlA 主轴锻后退火视频）

38CrMoAlA 钢制主轴去应力退火温度 580—600 ℃，保温 4～5 h，空冷。工件出炉后须检查其变形量，超过工艺要求的必须进行校直处理、二次去应力退火处理，保证工件的变形量要求和去除机加工内应力，以减小因精加工产生的内应力造成的工件渗氮处理时的变形。

知识 5：加热设备及操作要点

由于主轴属于细长类零件，在设备选择是多考虑井式电阻炉。可以选择 RJ-105-9 井式电阻炉（有效尺寸 800 mm×2 000 mm），每炉装 4～6 根进行淬火、回火。

回火加热设备

RJ2-25-6 低温井式电阻炉：额定功率 25 kW，额定电压 380 V，额定温度 650 ℃。

井式炉特点：

1. 炉子装料多，生产率高，装卸料方便，炉温均匀，长轴垂直放置或细长杆件垂直吊挂不容易变形。

2. 工件堆放阻碍气体流动。由于工件与电热元件同在炉膛内，靠近电热元件的工件易过热，但设置装料筐，可得到改善。

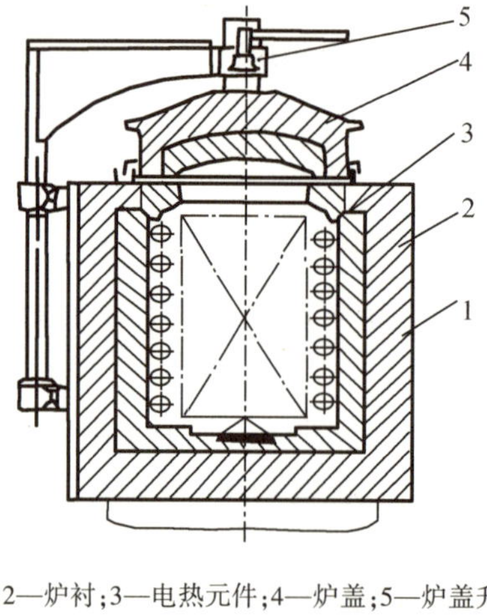

1—炉壳；2—炉衬；3—电热元件；4—炉盖；5—炉盖升降机构。

图 6-5　井式电阻炉结构示意图（扫描观看 38CrMoAlA 主轴退火设备微课视频）

测评

1. 知识测评

请确定关键词,按重要程度进行关键词排序并举例解读。根据自己的判断给关键词赋予权重,满分 100 分(表 6-3)。

表 6-3　38CrMoAlA 钢制镗床主轴预备热处理知识测评表

序号	关键词	举例解读	评分自定
1			
2			
3			
4			
5			

2. 技能测评

表中所列内容,操作规范即得分,操作错误或未操作即零分(表 6-4)。

表 6-4　38CrMoAlA 钢制镗床主轴预备热处理技能测评表

	技能点	配分	得分
1	退火工艺及操作	20	
2	调质工艺及操作	30	
3	去应力退火工艺及操作	30	
4	井式电阻炉	20	
总分		100	

3. 素质测评

表中所列素质点,做到即得分,未做到即零分(表 6-5)。

表 6-5　38CrMoAlA 钢制镗床主轴预备热处理素质测评表

序号	素质点	配分	得分
1	学习纪律	20	
2	工具使用、摆放	20	
3	严谨认真、一丝不苟的精神	20	
4	工程意识、团队精神	20	
5	实训环境“5S”	20	
总分		100	

任务 2　38CrMoAlA 钢制主轴渗氮

根据 38CrMoAlA 钢制镗床主轴的技术要求,正确选择选择渗氮工艺加热温度、保温时间等工艺参数;画出后渗氮工艺曲线,掌握渗氮设备及操作规程

职业行动

步骤 1 渗氮基本知识

渗氮:

渗氮原理:

写出常用的渗氮钢:

渗氮过程包括:

评价

☆☆☆☆☆

步骤 2:确定 38CrMoAlA 钢制主轴渗氮工艺参数

渗氮温度

渗氮时间

氨分解率:

氨分解率测量过程

写出常用的渗氮剂：

评价

☆☆☆☆☆

步骤 3：写出等温渗氮、一段渗氮、二段渗氮的特点，并画出工艺曲线

评价

☆☆☆☆☆

步骤 4：写出渗氮设备及渗氮操作要点

评价

☆☆☆☆☆

步骤 5：质量检验

写出质量检验要点

评价

☆☆☆☆☆

职业知识

知识 1：渗氮

渗氮是在一定温度下（一般在 Ac1 温度下）使活性氮原子渗入工件表面的化学热处理工艺。渗氮工艺通过在工件表层形成氮化物，提高钢的硬度和耐磨性、疲劳强度，改善耐蚀性和抗擦伤性能。由于渗氮温度低，渗氮时变形小。

38CrMoAlA 钢中铝与氮有极大的亲和力，是形成氮化物提高渗氮层强度的主要合金元素。AlN 很稳定，到约 1000C 的温度在钢中不发生溶解。渗氮钢中 Al、Ti、V、W、Mo、Cr 等合金元素能与氮形成稳定氮化物，同时 Cr、W、Mo、V 还可以改善钢的组织，提高钢的强度和韧性。

表 6-6　38CrMoAlA 钢化学成分(质量分数)　(%)

C	Mn	Cr	Mo	Al
0. 35~0. 42	0. 30~0. 40	1. 35~1. 66	0. 15~0. 25	0. 35~0. 42

渗氮也包括三个过程:

1. 分解:渗氮介质分解形成活性氮原子

$$2NH3 \rightarrow 2[N]+3H2(\text{吸热})$$

2. 吸收:活性氮原子被钢件表面吸收

(1)[N]部分被吸收,多数结合为 N2 →脱离表面;

(2)氮势一般较高→容易形成 ε 相→N 向内扩散;

(3)形成固溶体和氮化物。

3. 扩散:氮原子由表面向内部的扩散

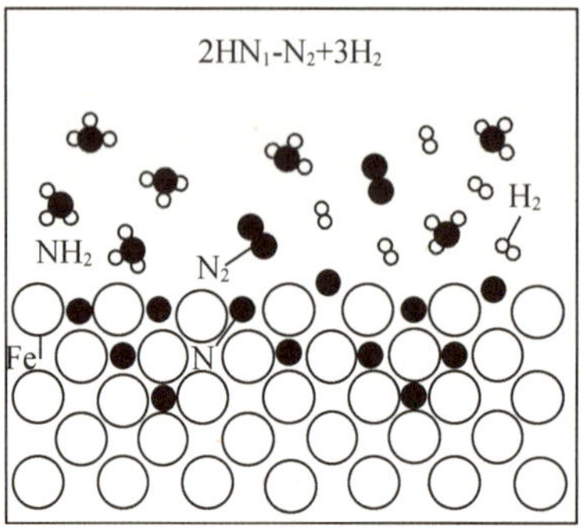

图 6-6　渗氮原理示意图
(扫描观看渗氮原理微课视频)

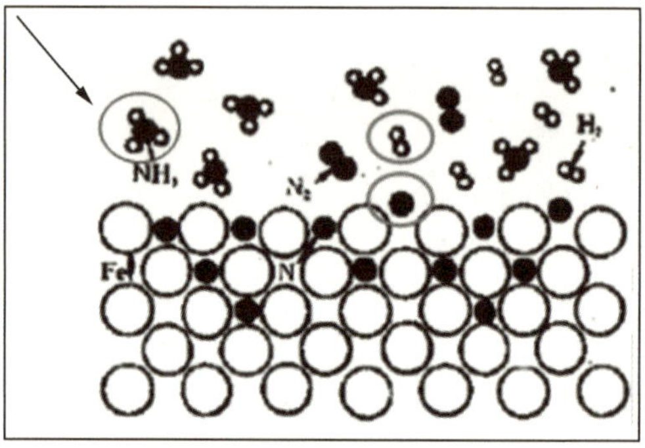

图 6-7　扫描图片观看
渗氮原理动画

知识 2:渗氮工艺参数

1. 渗氮温度

(1)一般选择 480—530 ℃,形状复杂、表面硬度要求高的零件选下限,如温度选得过低,则渗氮速度太慢。当渗氮温度低时,氮原子扩散能力弱,渗氮层厚 也浅,表面氮浓度和表面硬度高,脆性 。当渗氮温度高时,渗氮速度显著加快,渗氮层厚度加厚,晶界上高浓度的氮化物相也愈明显粗大,由于高温,使合金氮化物扩散度减小。

(2)渗氮层较厚而表面硬度要求不高时,渗氮温度选择 540~550 ℃,可提高生产效率

(3)渗氮温度要比调质处理的回火温度低 40—70 ℃。目的:不改变调质后的心部强度与硬度。

2. 渗氮时间

渗氮层厚度在 0.5 mm 以 内时应用 510~530 ℃ 等温渗氮,每小时渗入 0.01 mm,见表 6-7。

表 6-7　渗氮时间与渗氮层厚度关系

渗氮时间/h	10	20	50	80	100
渗氮层厚度/mm	0.15	0.30	0.50	0.65	0.70

渗氮时间的延长，工件表面的氮浓度增高，氮原子渗入速度减慢，因为渗氮层增加到一定程度，渗入速度就变得愈来愈慢，但渗氮时间的延长对渗氮层脆性无明显影响。一般渗氮时间不超过 100 h，因为再增加对其渗氮层厚度影响不显著。

3. 氨分解率

氨气的分解率：在一定温度下，分解的氮、氢混合气体占炉气总气体的百分数。

$$\alpha=\frac{H_2\text{ 体积}+N_2\text{ 体积}}{\text{气体总体积}}$$

在渗氮过程中钢件表面是氨气分解的触媒，与钢件表面接触的氨气才能提供活性氮原子。若氨气在接触工件前已分解，则氨气不能利用。

低分解率才能保证工件表面有足够的未分解的氨气分子，但若分解率太低，氮势太高，渗氮能力太强，则形成较厚的白亮层，增大脆性，又消耗过多氨气，若分解率过高，表面氮含量降低，渗氮层深度及硬度降低。

当分解率为 20%～40%时较适宜。活性氮原子多，零件表面可大量吸收氮；当分解率超过 60%时，则气氛中氢的含量高达 52%以上，将产生脱氮作用。

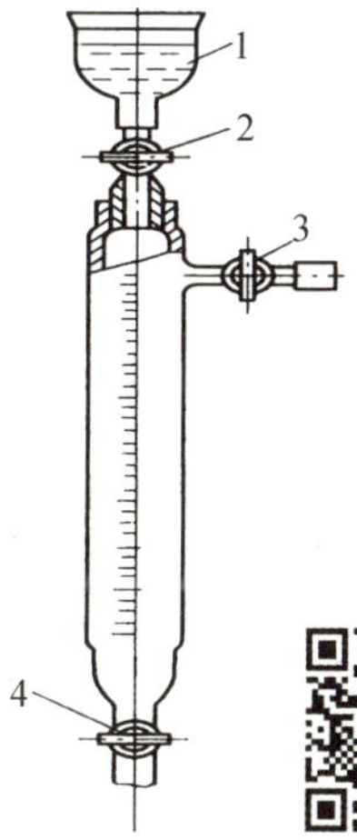

图 6-8　氨分解率测定仪结构

（扫描观看氨分解率测定原理动画）

4. 常用的渗氮剂

氨、氨与氮、氨和预分解氨（即氨、氢、氮混合气体）以及氨与氢等四种。渗氮用的氨的纯度高于 95%，导入渗氮前，氨气先经过干燥器脱水，使水分解低到 2%以下。使用的干燥剂有硅胶、氯化钙、生石灰等。

知识 3：气体渗氮工艺

生产上常用的强化渗氮工艺有三种：一段渗氮、二段渗氮 、三段渗氮。

工艺曲线如下：

一段渗氮工艺特点：等温渗氮工艺过程简单，渗氮温度较低、渗层浅、零件变形小、表面硬度高，但渗氮速度慢，产生周期长，适用于渗氮深度浅，尺寸精度和硬度要求高的零件。

二段渗氮工艺特点：两段式渗氮的时间比等温渗氮短，表面硬度稍微低，变形略有增大，适用于渗氮层较深批量较大的零件。

三段渗氮工艺特点：能进一步提高渗氮速度，但硬度比一般渗氮工艺低，脆性、变形等比一般渗氮工艺略大。

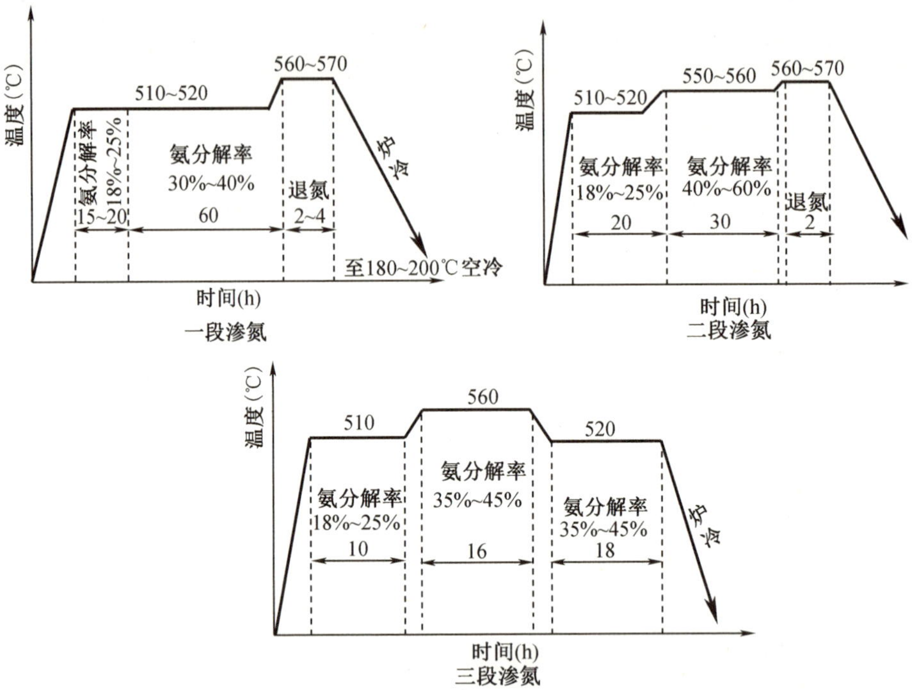

图 6-9　常见的渗氮工艺曲线(扫描观看渗氮工艺参数微课视频)

在保证表面硬度和变形的前提条件下，38CrMoAlA 钢制主轴渗氮常采用二段渗氮工艺：

第一阶段在 510~520 ℃较低温度进行渗氮 20~25 h,并采用较低的氨分解率,使工件表层形成 颗粒较细小,弥散度较 高的渗氮物。

第二阶段渗氮在 530~540 ℃及 比较高 的氨分解率下进行,加速氮原子的扩散,增加渗氮层深度。

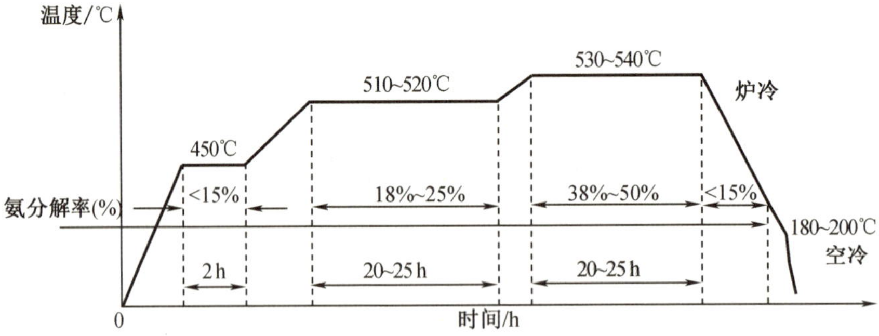

图 6-10　38CrMoAlA 主轴渗氮工艺曲线(扫描观看气体渗氮工艺微课视频)

第一阶段决定渗氮层的硬度,温度是关键因素。第二阶段决定渗氮层深度,同时温度不能超过 550~560 ℃,否则会降低渗氮层的硬度。为减小工件因升温过快而产生的变形,生产中常在升温过程中采用均温处理,我们选择在 450 ℃ 左右均温 2 h。对形状复杂零件,还可以增加 200 ℃ 左右均温处理,进一步减小工件因加热速度影响而产生的变形。

工件渗氮过程结束后,应继续通入氨气进行炉 冷,直至 180~200 ℃以下出炉,过高温度出炉会造成工件表面氧化变色,增大工件冷却过程的变形量。

知识 4:渗氮设备及操作要点

井式炉、箱式炉、钟罩式炉等。渗氮罐一般用 1Crl8Ni9Ti 不锈钢制造。有时进行表面镀镍,减少氨的消耗和提高罐的寿命。渗氮罐还可用低碳钢表面涂搪瓷料浆,使用效果很好。

本任务选择 RN-105-9 井式渗氮炉(有效工作区尺寸 800×2 000 mm)(图 6-11)。

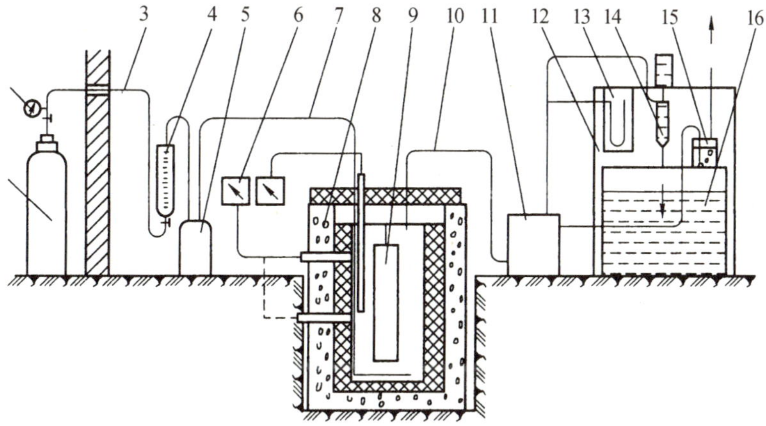

1—液氨瓶;2—氨气压力表;3—供氨管;4—氨气流量计;5—干燥箱;6—控制仪表;7—进气管;8—加热炉;9—工件;0—排气管;11—缓冲箱;12—安置架;13—排气;14—分解率测定计;15—冒泡瓶;16—储水箱。

图 6-11 井式渗氮炉结构示意图(扫描观看渗氮设备及生产过程动画)

渗氮操作

(1)生产前的准备

①检查工件 的材质、工 艺技术要求。检查工件 外观 、表面应无磕伤 、锈斑 、油污和其他缺陷。

②检查所使用的渗氮设备,电器、冷却水路 、氨气管道及分析仪器是否正常。

③在镗杆上 M60x2 螺纹刷上 KS-2 防渗氮涂料。

(2)渗氮处理操作

①打开炉盖,将工件和随炉试块吊挂于料筐(见图 4)上进炉,关闭、压紧炉盖。

②打开氨气阀门向炉内通入大流量氨气,打开炉盖冷却水阀门。

③合上加热电源开关,加热升温。按工艺要求设定各阶段温度,并定时(次/15-20 min),测量氨分解率以调节氨气流量。注意升温、均温及降温阶段 的氨分解率小 于 15%。渗氮过程中第一阶段氨分解率控制在 18%~25%。第二阶段氨分解率控制在 38%~50%。

④渗氮过程结束时,关闭加热 电源开关,工件随炉冷至 180~200 ℃左右出炉空冷。关闭氨气阀门和冷却水阀门。

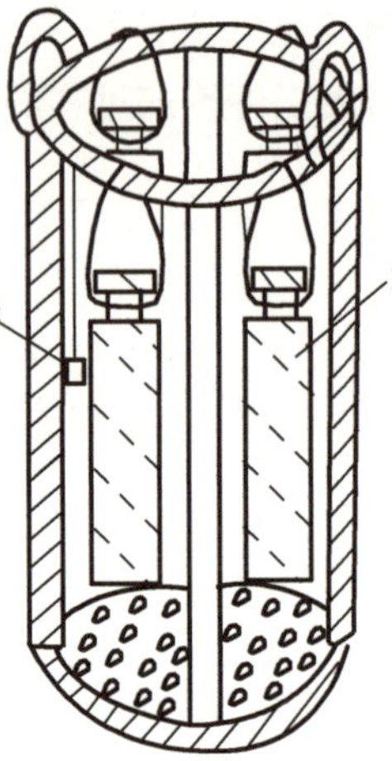

图 6-12　主轴渗氮处理装炉示意图

知识 5:质量检验

渗氮件质量检包括以下内容。

1. 外观。工件外观应呈银灰色,无磕碰及剥落现象。

2. 硬度。采用维氏硬度计检测随炉试块表面硬度。

3. 渗氮层深度、脆性。采用硬度法检测渗氮层深度,检测设备为维氏硬度计 、金相显微镜。

4. 渗氮层脆性检查。一般情况下用 HV5 或 HV10 的压痕评级,分 4 个级,1~2 级为合格,3~4 级为不合格。

5. 金相组织检查合格渗氮层组织不应存在网状氮化物、连续的波纹状以及鱼骨状氮化。不进行磨削的零件 ε 相层深度≤30 μm。

6. 尺寸变化和变形检查。氮化件变形和尺寸变化很小,渗氮后精磨的零件,最大磨削量不得超过 0. 15 μm,最好少于 0. 10 μm。

图 6-13　扫描观看渗氮零件的质量检验微课视频

测评

1. 知识测评

请确定关键词,按重要程度进行关键词排序并举例解读。根据自己的判断给关键词赋予权重,满分 100 分(表 6-8)。

表 6-8　38CrMoAlA 钢制主轴渗氮知识测评表

序号	关键词	举例解读	评分自定
1			
2			
3			
4			
5			

2. 技能测评

表中所列内容，操作规范即得分，操作错误或未操作即零分(表 6-9)。

表 6-9　38CrMoAlA 钢制主轴渗氮技能测评表

	技能点	配分	得分
1	渗氮工艺参数选择	20	
2	渗氮剂选择	30	
3	渗氮设备操作	30	
4	渗氮质量检验操作	20	
总分		100	

3. 素质测评

表中所列素质点，做到即得分，未做到即零分(表 6-10)。

表 6-10　38CrMoAlA 钢制主轴渗氮素质测评表

序号	素质点	配分	得分
1	学习纪律	20	
2	工具使用、摆放	20	
3	严谨认真、一丝不苟的精神	20	
4	互帮互助、团队精神	20	
5	实训环境“5S”	20	
总分		100	

项目七　W18Cr4V 钢制拉刀的热处理

项目描述

W18Cr4V 钢制拉刀,技术要求:热处理后刃部硬度达 HRC 63~66,柄部硬度达 HRC 40~55。允许热处理变形弯曲小于或等于 0.40 mm。

引导语

可控气氛热处理和真空热处理技术等共性技术、关键技术的重大突破,为中国制造向中国创造转变,中国速度向中国质量转变、中国产品向中国品牌转变提供助力。

职业知识

1. 学会根据刀具材料完成刀具加工过程中热处理工序的选择
2. 知晓 W18Cr4V 钢铸态组织的特点
3. 会球化退火加热温度、保温时间的计算,选择合理的加热设备
4. 学会淬火加热温度、保温时间的计算
5. 知晓热硬性,二次硬化的含义
6. 学会分级淬火工艺参数的选择
7. 掌握真空热处理及设备的特点

职业能力

1. 掌握球化退火操作
2. 会在盐浴炉中进行分级淬火操作
3. 掌握三次回火的操作规程
4. 掌握刀具质量检验的要点
5. 培养生产中经济性的意识,养成工程意识

载体

W18Cr4V 钢制拉刀,技术要求:热处理后刃部硬度达 HRC 63~66,柄部硬度达 HRC 40~55。允许热处理变形弯曲小于或等于 0.40 mm。

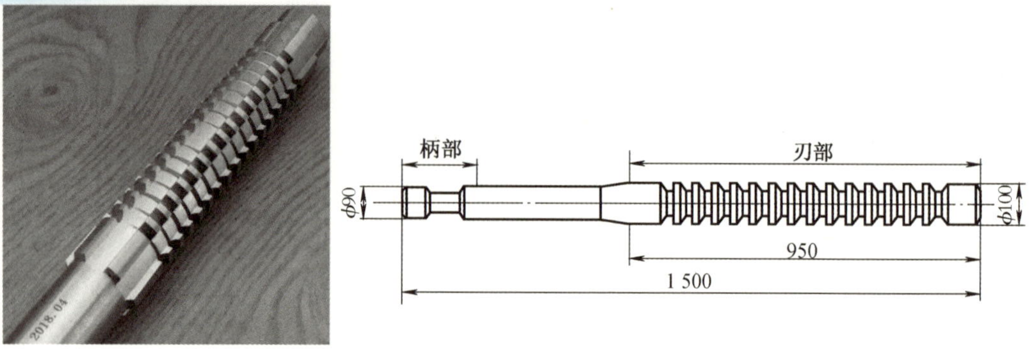

(a) (b)

图 7-1 试验载体

任务 1 W18Cr4V 钢制拉刀球化退火

根据 W18Cr4V 钢制拉刀的技术要求,正确选择选择球化退火加热温度、保温时间等工艺参数;画出后球化退火工艺曲线,选择加热设备完成 W18Cr4V 钢制拉刀球化退火操作。

职业行动

步骤 1:写出刀具常用的材料和加工路线

写出常用的刀具材料典型牌号:

碳素工具钢:________、________、________

低合金工具钢:________、________、________

高速工具钢钢:________、________、________

写出高速钢拉刀的加工路线中热处理工序(图 7-2)

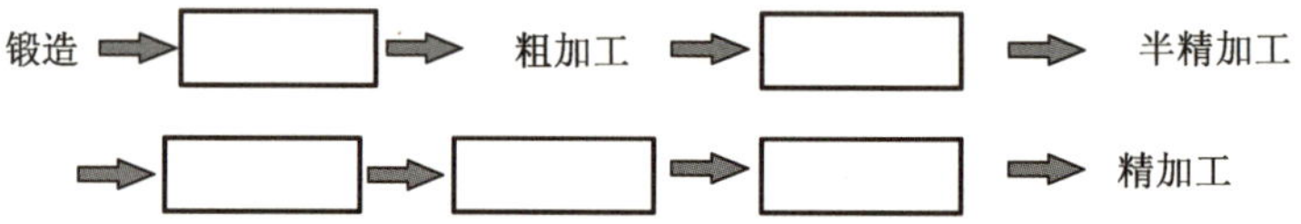

图 7-2 高速钢拉刀的加工路线中热处理工序

评价

☆☆☆☆☆

步骤 2:填写 W18Cr4V 钢制拉刀加工路线中各热处理工序的作用、组织和硬度(表 7-1)

表 7-1　热处理工序参数

热处理工序	作用	组织	硬度

评价

☆☆☆☆☆

步骤 3：查询 W18Cr4V 钢的临界温度，确定锻后球化退火工艺参数（表 7-2）

表 7-2　W18Cr4V 的相变温度

临界点	Ac1	Ac3	Ar1	Ms
温度/℃				

球化退火：

加热温度：

保温时间：

退火设备：

评价

☆☆☆☆☆

步骤 4：确定去应力工艺参数，并绘制球化退火、去应力退火工艺曲线

去应力退火：

加热温度：

保温时间：

球化退火、去应力退火热处理工艺曲线：

评价

☆☆☆☆☆

步骤5：锻后退火、去应力退火设备及操作要点

评价

☆☆☆☆☆

图7-3 扫描观看巾帼工匠孙嫣然思政微课视频

职业知识

知识1：高速钢制工具加工及热处理

机用工具切削速度较快，会产生大量的切削热，刀尖上的温度较高，故工具的力学性能要求为：

(1)具有较高的硬度、硬度越高，耐磨性越好

(2)具备较高的抗弯强度和挤压强度

(3)具备较高的冲击韧性

(4)具备高温硬度和热硬性。

常用的工具钢包括碳素工具钢(T8A、T10A)，低合金工具钢(9SiCr、9Mn2V、CrWMn)，高速工具钢。高速钢红硬性和耐磨性高，具有一定的韧性，常用来制作各种刃具和冷作模具。高速钢有十多种，常用的钨系高速钢为W18Cr4V；W9Cr4V2，钨钼系为W6M05Cr4V2和W9M03Cr4V。

拉刀是拉削加工所用的多齿刀具，外形较为复杂且精度要求较高，常用材料为W18Cr4V，热处理后刃部硬度达HRC 63~66，柄部硬度达HRC 40~55。允许热处理变形弯

曲小于或等于 0.40 mm。

W18Cr4V 高速钢刀是一种低速切削刀具具一般用于加工内孔、圆孔、花键孔、内齿轮 、成型孔。该种刀具的热处理有一定的难度,因它细而长,在热处理过程中往往会产生较大的弯曲变形,又不容易校直而报废,给生产带来了极大的浪费。

表 7-3 W18Cr4V 钢化学成分(%)

钢号	C	Si	Mn	Cr
W18Cr4V	0.70~0.80	0.20~0.40	0.10~0.40	3.80~4.40
	Mo	W	V	P、S
	≤0.30	17.50~19.00	1.00~1.40	≤0.030

表 7-4 W18Cr4V 钢的热导率

温度/℃	20	200	500	700	900
λ/W·m·K	27.21	25.96	25.96	25.12	25.12

W18Cr4V 钢的热导率比碳含量相同的铸钢低温时热导率小很多,高温时略小。

表 7-5 W18Cr4V 的相变温度

临界点	Ac1	Ac3	Ar1	Ms
温度/℃	820	860	760	210

工具常用的加工工艺路线

1. 下料→粗车→球化退火、正火或调质→半精车、精车→淬火+低温回火→精加工

2. 下料→锻造→球化退火→半精车、精车→去应力退火→分级淬火→冷处理 →三次高温回火→精加工

知识 2:W18Cr4V 钢制拉刀加工中的热处理

W18Cr4V 钢制拉刀的热处理包括球化退火、去应力退火、分级淬火、冷处理、高温回火。

锻后球化退火　目的是为了改善切削加工性能,消除锻造内应力,并为最后淬火作组织准备。退火后组织通常为索氏体及粒状碳化物,硬度为 207~255HBS。

去应力退火消除机械加工过程中产生的内应力,稳定零件尺寸,减小工件淬火过程中的变形。

最终热处理一般是淬火+多次(2~4 次)高温回火。硬度可达到 64~66HRC。高速钢回火后的组织为回火马氏体+碳化物+少量残余奥氏体。

图 7-4　扫描观看高速钢制工具加工及热处理微课视频

知识 3:锻后退火

由于高速钢含大量合金元素,使 E 点显著左移,故铸态组织中出现了粗大的鱼骨状莱氏体,属于莱氏体钢,降低了钢的韧性。其中碳化物的不均匀度是影响刀具的使用寿命的主要因素。

鱼骨状莱氏体不能用热处理方法来消除,只能采用反复锻造的方法将其击碎,并使之均匀分布在基体上,消除其不良影响。锻件锻后应立即放入白灰箱或干砂箱中严埋缓冷,冷却后应立即进行退火。

把钢加热到 Ac1 线以上 20～30 ℃,保温一定时间,随炉缓慢冷却。

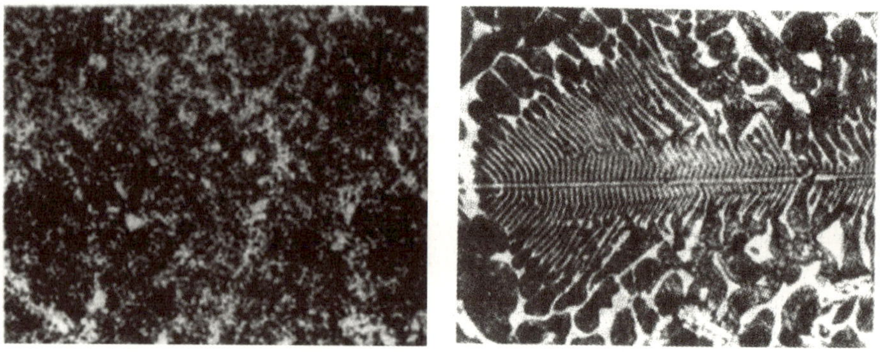

图 7-5　锻后退火

高速钢退火可采用普通球化退火和等温球化退火两种工艺

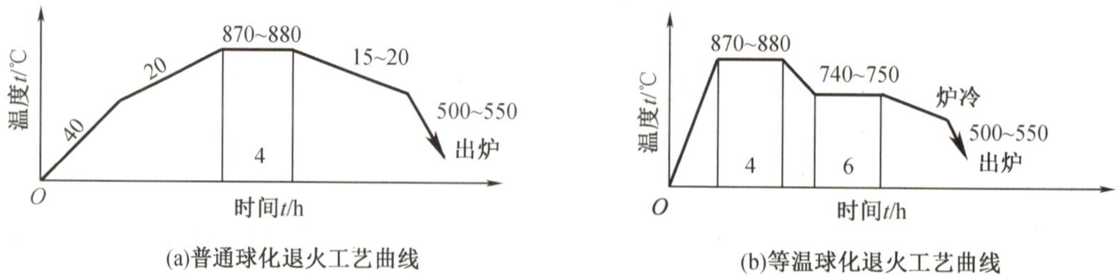

图 7-6　高速钢退火工艺(扫描图 7-6(b)观看 W18Cr4V 钢制拉刀退火微课视频)

图 7-7　扫描二维码观看高速工具钢球化退火工艺规范图片

知识 4：W18Cr4V 钢制拉刀去应力退火

拉刀技术要求中允许的热处理变形弯曲较小，一般情况下，消除应力退火这道工序，应放在冷加工后、淬火前进行。特殊情况下，如果拉刀毛坯的弯曲量大，冷加工前需要进行校直，这时经过校直的拉刀毛坯需经消除应力退火后方可进行冷加工，而在冷加工后，仍需按常规进行消除应力退火。

知识 5：退火加热设备及操作要点

圆拉刀的预备热处理可在一般性的任何炉型中进行。

通常毛坯件的退火在箱式电炉中进行。经历了高温 880 ℃和长时间的加热过程中，造成工件的氧化脱碳，为了避免工件的氧化脱碳，对一些表面光洁要求较高的刀具坯料的退火处理选择在可控气氛炉中进行，如井式气体炉火真空炉。实践中在井式炉中温度大于 600 ℃滴入煤油或甲醇进行气体保护。使工件在加热过程中不增碳也不氧化脱碳，保证工件基本的光洁度和有效尺寸。

退火后的硬度采用布氏硬度计检测，为 HB 207—255。其显微组织细小的碳化物均匀地分布在索氏体基体上。

测评

1. 知识测评

请确定关键词，按重要程度进行关键词排序并举例解读。根据自己的判断给关键词赋予权重，满分 100 分（表 7-6）。

表 7-6　W18Cr4V 钢制拉刀球化退火知识测评表

序号	关键词	举例解读	评分自定
1			
2			
3			
4			
5			

2. 技能测评

表中所列内容，操作规范即得分，操作错误或未操作即零分（表 7-7）。

表 7-7　W18Cr4V 钢制拉刀球化退火技能测评表

	技能点	配分	得分
1	高速钢金相组织	20	
2	球化退火工艺及操作	30	
3	去应力退火工艺及操作	30	
4	盐浴炉操作	20	
总分		100	

3. 素质测评

表中所列素质点，做到即得分，未做到即零分（表 7-8）。

表 7-8　W18Cr4V 钢制拉刀球化退火素质测评表

序号	素质点	配分	得分
1	学习纪律	20	
2	工具使用、摆放	20	
3	严谨认真、一丝不苟的精神	20	
4	工程意识、团队精神	20	
5	实训环境“5S”	20	
总分		100	

任务 2　W18Cr4V 钢制拉刀淬火、高温回火

根据 W18Cr4V 钢制拉刀的技术要求，正确选择分级淬火加热温度、保温时间、分级温度等工艺参数；根据二次硬化选择回火温度及冷处理参数，画出后淬火、回火、冷处理工艺曲线，选择加热设备完成 W18Cr4V 钢制拉刀淬火、回火、冷处理操作。

职业行动

步骤 1：淬火预热

预热原因：

预热温度：

评价

☆☆☆☆☆

步骤2：确定淬火工艺参数

1. 加热温度：

2. 保温时间：

3. 冷却方法：

4. 淬火后组织：

评价

☆☆☆☆☆

步骤3：拉刀冷处理

冷处理：

冷处理设备：

评价

☆☆☆☆☆

步骤 4:确定拉刀回火参数

二次硬化:

回火参数:

绘制 W18Cr4V 钢制拉刀淬火、回火、冷处理工艺曲线:

评价

☆☆☆☆☆

步骤 5:盐浴炉操作要点

评价

☆☆☆☆☆

步骤 6:质量检验要点

职业知识

知识 1:预热

高速钢预热的目的主要是减少温差和有温差造成的应力,减少变形、防止开裂,其次是为了防止脱碳和提高生产效率。高速钢含有大量的合金元素 导热性差,塑性较低。如果直接将工件有室温加热至 1 200 ℃以上,将产生很大的应力,加热时易引起变形开裂。冷却时这种有加热过急造成的应力也增加变形开裂的倾向。

为了减少热应力,采用分级预热。

一次预热:对于截面较小、形状简单的刀具,一般做一次预热,在中温盐炉中进行,预热温度选用 800~850 ℃,预热时间按 25~30/mm 计算(通常为加热时间的 2 倍)。

二次预热:对于形状复杂、截面较大、易变形开裂的刀具需做二次预热。第一次在盐炉中预热温度 500 ℃~550 ℃,时间为 1.5~2 min/mm(如在盐炉中进行,温度为 600~650 ℃,

时间按 40 s/mm 算)；第二次预热温度选用 800～850 ℃。预热时间不允许过长，不超过加热时间的 3 倍)。特别是接柄刀具更要严格控制预热时间。

对于直径为 100 mm、长为 1 500 mm 的拉刀，应采用两次预热。第一次预热温度为 550～650 ℃，预热时间为 1h 左右，可在空气电阻炉中进行；第二次预热温度为 800～870 ℃，预热时间为 30 min 左右，在中温盐浴炉中进行。

拉刀在炉中加热或者冷却，必须垂直悬挂，以减少拉刀的弯曲变形。目前大部分工厂还没有专用夹具，只用铁丝捆扎拉刀柄部，再用铁钩悬挂，或用钳子夹住加热。

知识 2：W18Cr4V 钢制拉刀淬火工艺参数

1. 加热温度的选择

高速钢中的合金碳化物稳定性很高，故高速钢的淬火加热温度很高，需加热到 1 200 ℃以上才能大量分解合金元素，W、Cr、V、M0 才会尽可能多地溶入奥氏体内

淬火加热温度可根据下列情况确定。

根据高速钢化学成分。

根据刀具的形状及尺寸

(3) 根据刀具的技术要求　要求高硬度、高红硬性为主的刀具淬火加热温度取上限；要求刀具有冲击韧性、工作时不崩刃的刀具(如中心钻、小型压刀等)，淬火加热温度取下限。

拉刀的切削速度一般很低，它工作时的表面温度常在 400 ℃左右，可见拉刀不太需要过高的红硬性，主要需要强度和韧性，所以可选下限温度进行加热，这样既可减少拉刀的弯曲变形和开裂倾向，又可提高强度和韧性。对直径 100 mm 的拉刀来说，适宜的加热温度为(1 270±10)℃。

高速钢正常淬火后的组织为隐针马氏体、粒状碳化物和较多的残余奥氏体。

2. 加热时间。

既要保证使足够的合金疆化物充分溶解于奥氏体，又不使晶粒显著长大。生产中，高速钢刀具在盐浴炉中加热时间按加热系数乘以有效厚度计算，一般取 8～15 s/mm。在选择加热系数时应按照零件类型、装炉量、尺寸大小、原材料碳化物级别等灵活掌握。一般大型刀具选用小的加热系数；小型刀具选用大的加热系数，但最短的加热时间不应少于 45 s。

至于加热时间，直径为 100 mm 的拉刀可按高速钢加热系数 8～15 s/mm 选其下限，即 13 min 左右。如果装炉量多，拉刀入炉后的压温时间超过 8 min，则应适当延长加热时间，以确保拉刀的热处理质量。

3. 冷却方式

淬火冷却方法有下列几种方法。

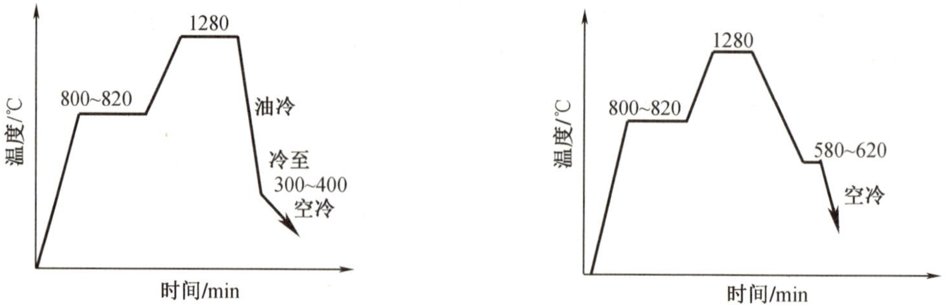

(a)油冷淬火　　(b)一次分级淬火

图 7-8　淬火冷却方法 1

加热后淬入油中冷至 300~400 ℃后取出空冷。这种方法简单经济，但零件变形开裂的倾向较大，且油烟污染环境，只适用于形状简单的零件，或因条件所限无法采用分级淬火的零件。

加热零件放入 580~620 ℃的中性盐浴中保持一定时间（分级时间与淬火加热保温时间相近），然后空冷。适合形状简单，能够进行分级淬火的零件。

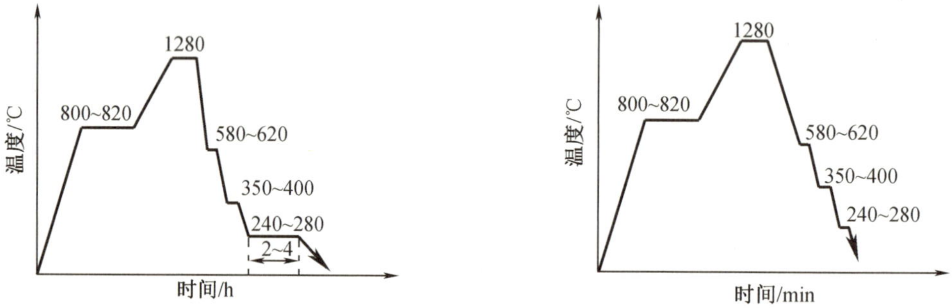

(a)多次分级淬火　　(b)一次等温淬火

图 7-9　淬火冷却方法 2

对于尺寸较大、形状比较复杂、材质差的零件可作二次或多次分级，分级温度分别是 580~620 ℃、350~400 ℃、240~280 ℃，分级时间均同于加热时间。一次及多次分级淬火工艺如图 7-8 所示。分级淬火后的 W18Cr4V 的淬火组织为淬火马氏体+粒状碳化物+残余奥氏体。

形状复杂的特大型刀具采用一般等温淬火。等温淬火是将高速钢零件经 580~620 ℃、350~400 ℃C 分级冷却后，在 240~280 ℃等温 2~4 h，而后空冷至 150 ℃及时进行回火（图 7-9）。等温淬火后的组织是：下贝氏体十马氏体+碳化物残余奥氏体。

无论油冷或分级加等温淬火的拉刀，在冷至 200 ℃左右时，将导向部分浸入中温盐浴中，加热几分钟（深约 20 mm）后取出，这样可减少顶针孔开裂的危险。

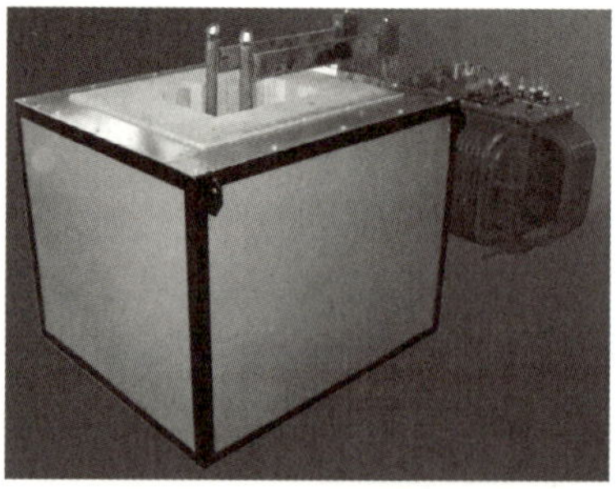

图 7-10　扫描观看

W18Cr4V 钢制拉刀淬火微课

知识3:W18Cr4V钢制拉刀冷处理

冷处理是指将钢淬火冷至冷至室温后继续冷至-70~-80 ℃,停留2~4 h,使在室温尚未转变的残余奥氏体继续转变为马氏体的一种热处理操作。

冷处理的目的是尽量减少淬火钢中的残余奥氏体,提高工件硬度,提高工件尺寸稳定性。精密刀具在淬火后,冷至室温后立即进行(一般不超过1~2 h)冷处理效果较好。冷处理结束后,工件应在空气中缓缓回升至室温。未到室温不能进行回火,到达室温后应及时回火,能防止零件开裂冷处理。

知识4:W18Cr4V钢制拉刀高温回火

回火时钢中的马氏体、残余奥氏体和碳化物都将发生变化,一是淬火马氏体转变为回火马氏体;二是残余奥氏体在回火冷却时转变为淬火马氏体。

回火过程中,从马氏体中析出了弥散分布的WC、W2C、VC特殊碳化物,以极细小的粒度弥散分布在马氏体基体上,产生了强烈的"弥散硬化"现象,同时低硬度的残留奥氏体转变为高硬度的二次马氏体,也造成硬度升高,即为"二次硬化"现象。

其硬度在回火时达到最高,可达到64~66HRC。高速钢回火后的组织为回火马氏体+粒状合金碳化物+少量残余奥氏体。

高速钢具有高的红硬性,这是因为:

(1)VC型为主的钒和钨碳化物,既弥散析出造成二次硬化,又具有较好的稳定性,难以发生聚集。

(2)析出碳化物后的马氏体中,尚有相当高的钨,使马氏体难以继续分解。

回火温度与硬度的关系如图7-11所示。

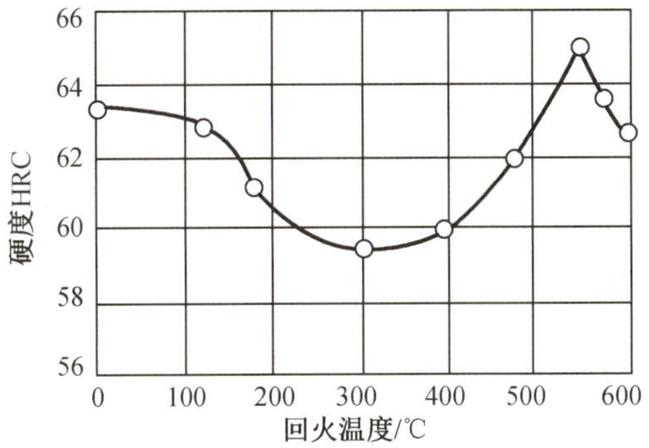

图7-11　回火温度与硬度的关系

高速钢回火工艺要点有:

①淬火后必须及时回火,否则会使奥氏体稳定化而不利于消除残余奥氏体;

②回火温度要均匀,应在盐浴炉或带风扇的热风回火炉中回火;

③残余奥氏体的转变是在冷却过程中进行的,每次回火后都必须在空气中冷至室温

后,才可进行下一次回火,否则会使残余奥氏体转变不充分,达不到回火目的;

④对于大型而复杂的刀具,再回火加热也易引起变形与裂纹可采用 400 ℃左右预热 30~60 min,或采用低于 500 ℃入炉,随后缓慢升温至回火温度;

⑤回火后必须冷至室温方可清洗,否则易产生开裂。

表 7-9　W18Cr4V 钢制拉刀热处理工艺参数表

工艺	温度/℃		时间/s				
			a	K	D	加热	加热+保温
球化退火	加热	860	3 h				
	保温	740					
去应力退火	650		4 h				
烘干预热	550	0.4	1.3	25	780	1 560	
二级预热	820	0.35	1.3	25	682.5	1 365	
奥氏体化	1 260	0.18	1.3	25	351	351	
一级预冷	600	0.4	1.3	25	780	780	
二级预冷	230		600				
空冷	20		空冷至 20 ℃				
三次回火	560		每次 1 h				

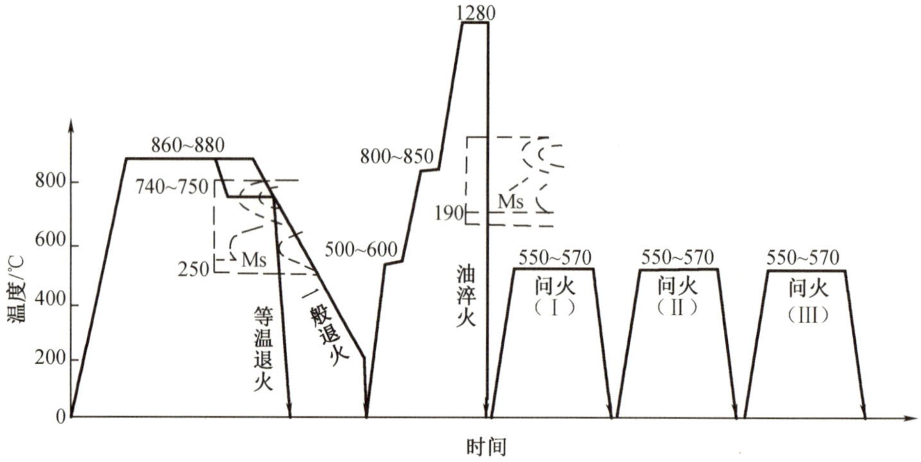

图 7-12　退火工艺参数

同一般电阻炉相比,盐浴炉具有许多优点:炉体结构简单,加热速度快且均匀,工件变形小和不易氧化脱碳等。盐浴炉的缺点是:装料少,只适用于中小型零件的加热;劳动条件较差,有的介质有毒,对健康有害;操作不够安全,水滴入炉会引起熔盐飞溅,易发生事故;需用较多辅助时间,如启动、脱氧等;需配置变压器、抽风机等辅助设备。

知识5:质量检验

零件加热过程中,若不进行表面防护,将发生氧化脱碳等缺陷,其后果是表面淬硬性降低,达不到技术要求,或在零件表面形成网状裂纹,并严重降低零件外观质量,加大零件粗糙度,甚至超差,所以精加工零件淬火加热需要在保护气氛下或盐浴炉内进行,小批量可采用防氧化表面涂层加以防护。

图7-13　扫描观看W18Cr4V钢制拉刀冷处理及回火微课

测评

1. 知识测评

请确定关键词,按重要程度进行关键词排序并举例解读。根据自己的判断给关键词赋予权重,满分100分(表7-10)。

表7-10　W18Cr4V钢制拉刀淬火、高温回火知识测评表

序号	关键词	举例解读	评分自定
1			
2			
3			
4			
5			

2. 技能测评

表中所列内容,操作规范即得分,操作错误或未操作即零分(表7-11)。

表7-11　W18Cr4V钢制拉刀淬火、高温回火技能测评表

	技能点	配分	得分
1	淬火工艺及操作	20	
2	冷处理工艺及操作	30	
3	高温回火工艺及操作	30	
4	金相检验操作	20	
总分		100	

3. 素质测评

表中所列素质点,做到即得分,未做到即零分(表7-12)。

表 7-12 W18Cr4V 钢制拉刀淬火、高温回火素质测评法

序号	素质点	配分	得分
1	学习纪律	20	
2	工具使用、摆放	20	
3	严谨认真、一丝不苟的精神	20	
4	工程意识、团队精神	20	
5	实训环境“5S”	20	
总分		100	

任务 3 W18Cr4V 钢制拉刀真空热处理

掌握真空热处理的特点，知晓常见的真空热处理设备，掌握 W18Cr4V 钢制拉刀真空淬火的操作规程。

职业行动

步骤 1：真空热处理

真空度

按照真空度热处理可分为：________、________、________

真空热处理的特点

步骤 2：真空淬火

真空淬火

步骤 3：真空淬火设备

说出图 7-12 中真空炉的名称及特点

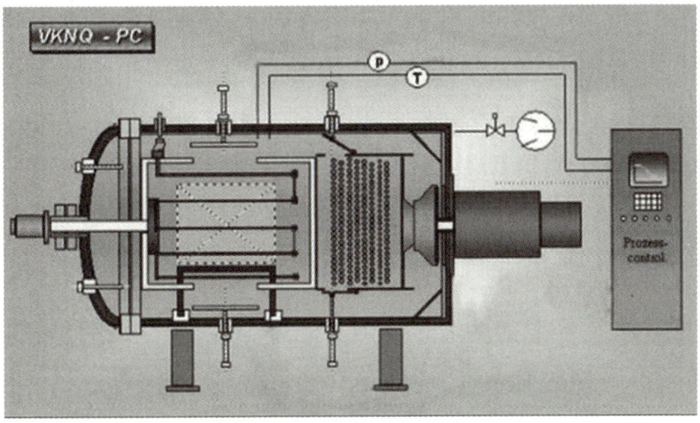

图 7-14　真空炉

步骤 4:选择 W18Cr4V 钢制拉刀淬火、高温回火工艺参数及真空设备

步骤 5:真空淬火操作注意事项

职业知识

知识 1:真空热处理

真空热处理是指热处理工艺的所有和部分在真空形态下进行的。热效率高,可完成迅速升温降温,可完成无氧化、无脱碳、无渗碳,可去掉工件表面的磷屑,并有脱脂除气等作用,从达到表面光亮净化的功效。

图 7-15　热处理工具

我国将真空区分为低、中、高和超高真空。目前大多数真空热处理炉的工作真空度在 $1.33 \sim 1.33\times10^{-3}$ Pa。真空热处理几乎可完成所有热处理工艺，如淬火、退火、回火、渗碳、氮化，在淬火工艺中可完成气淬、油淬、硝盐淬火、水淬等，还可以进行真空钎焊、烧结、表面处理等。

在真空炉内工件在炉内加热缓慢，内外温差较小，热应力小，因此变形小。

知识 2：真空淬火

真空淬火是在真空状态下把工件加热到淬火温度，当需要冷却时，先向炉内通入氮气启动风机，当风正常运转后再向炉内充入气，通过热交换器冷却，经风管送风，对工件进行淬火。

能够实现零件的光洁淬火，零件的淬火、冷却在真空炉内进行，淬火介质主要是气（如惰性气体）、水和真空淬火油等。真空淬火已大量应用于各种渗碳钢、合金工具钢、高速钢和不锈钢的淬火，以及各种时效合金、硬磁合金的固溶处理。

真空中的淬火有气淬和液淬两种。

气淬即将工件在真空加热后向冷却室中充以高纯度中性气体（如氮）进行冷却。适用于气淬的有高速钢和高碳高铬钢等马氏体临界冷却速度较低的材料。

液淬是将工件在加热室中加热后，移至冷却室中充入高纯氮气并立即送入淬火油槽，快速冷却。如果需要高的表面质量，工件真空淬火和固溶热处理后的回火和沉淀硬化仍应在真空炉中进行。

真空淬火区别于传统的零件在加热过程中与空气或盐浴等介质接触，从而出现氧化现象和较大的形变现象，真空淬火是将零件放置于真空炉中抽取真空进行加热，因此氧化和形变均较小，这就是真空淬火最大的优势。

知识 3：真空热处理设备

当前真空高压气冷淬火技术发展较快，相继出现了负压（$<1\times10^5$ Pa）高流率气冷、加压（$1\times10^5 \sim 4\times10^5$ Pa）气冷、高压（$5\times10^5 \sim 10\times10^5$ Pa）气冷、超高压（$10\times10^5 \sim 20\times10^5$ Pa）气冷等新技术，不但大幅度提高了真空气冷淬火能力，且淬火后工件表面光亮度好，变形小，还有高效、节能、无污染等优点。

随着热处理产业升级换代，产品质量要求越来越高，真空热处理炉的种类越来越多。主要有高压气冷淬火、真空双室油淬炉，针对长杆类零件，也开发了立式真空高压气淬炉、立式底装料真空高压气淬炉等新炉型。

1. 卧式真空高压气淬炉

高端真空热处理设备，是当今先进热处理设备的典型代表。适合高、中和低合金钢的淬火、退火和回火处理/、表面淬硬钢的淬火/固溶处理和高温合金的沉淀硬化/多种热处理工艺的结合。

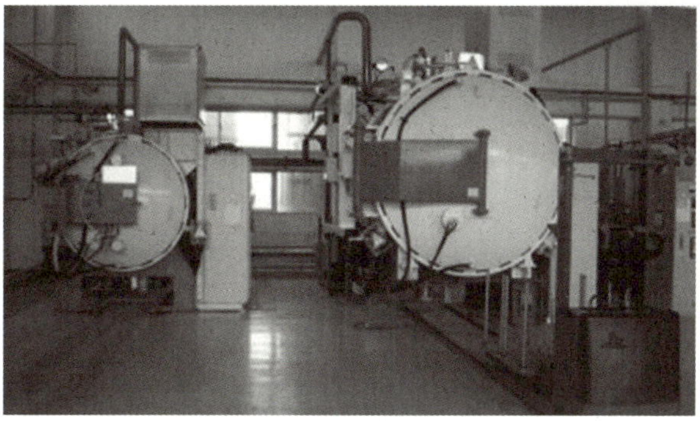

图 7-16　高压气淬炉

高压气淬真空炉由真空炉主体、真空系统、水冷系统、充气系统、启动系统、继电器控制系统等组成。该气淬真空炉为可视化操作界面，操作方便、简洁，手动自动自由切换，可实现全自动控制。高压气淬真空炉采用石墨加热器，硬石墨毡为隔热屏的单式卧式。后置大功率淬火风机。

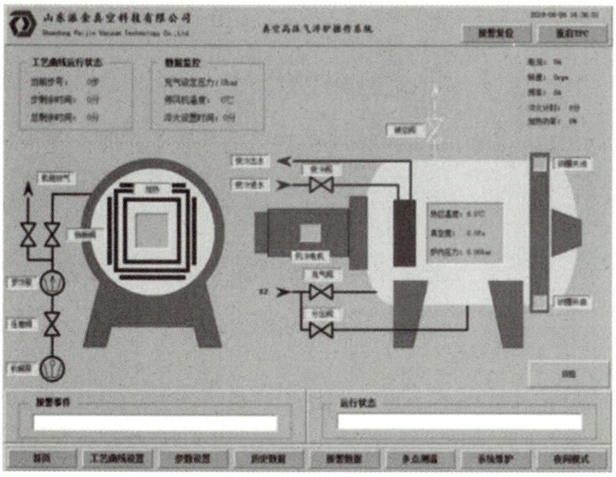

图 7-17　卧式真空高压气淬炉结构

图 7-18　扫描二维码观看真空气淬炉特点图片

2. 立式真空高压气淬炉

针对需要直立进行经行处理的较长的工件设计的真空热处理设备。主要用于管件、轴类工件的淬火、退火。

适合合金钢的淬火、退火和回火处理、固溶处理和高温合金的沉淀硬化/多种热处理工艺的结合，例如同一周期内完成钎焊和淬火热处理。

图 7-19　扫描二维码观看立式真空气淬炉特点图片

3. 真空双室油淬炉

具有真空加热和油淬功能，额外有 2 bar 气冷的选择，提供了更多的工艺选择方式和加工使用范围。广泛地适用于高、中、低合金钢精密零部件的真空热处理。

主要用于淬火、退火、固溶、时效等。

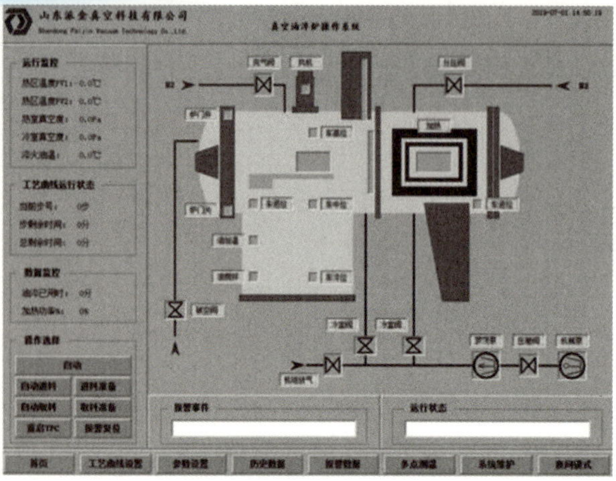

图 7-20　立式真空高压气淬炉结构

图 7-21　扫描二维码观看真空双室油淬炉特点图片

图 7-22　真空双室油淬炉结构

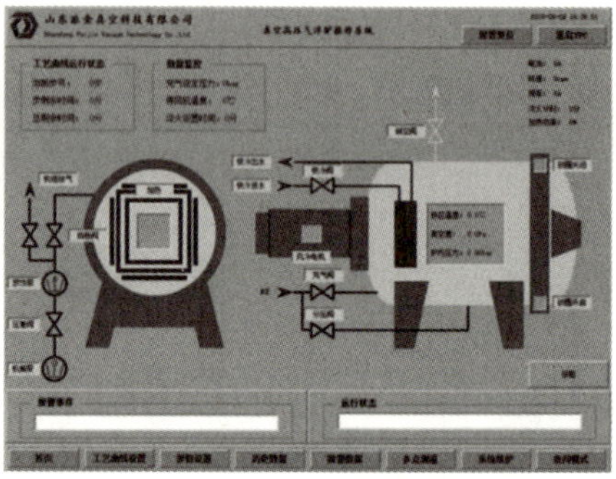

图 7-23　扫描观看真空热处理微课视频

知识 4:真空淬火炉工作过程

真空淬火炉是由加热炉罩和移动式底架组成的。方形(或圆形)炉罩顶装有起重机,通过链条和挂钩可将料筐吊至炉膛。炉罩由型钢支起,底部有气动(或电动)操作的炉门。位于炉罩下方的底架可沿轨道移动、定位,底架上面载有淬火水槽和料筐。生产时,将底架上的料筐移至炉罩正下方,打开炉门,放下链条及挂钩将料筐吊入炉膛,关闭炉门后进行加热。淬火时先将底架上的水槽移至炉罩正下方,然后打开炉门,放下链条,将料筐(工件)淬入水中。

知识 5:真空淬火炉安全操作

真空热处理炉在操作前,工作需要注意如下几点:

(1)真空热处理炉制造时,应确保不漏气、不漏水。

(2)真空炉炉体和炉盖等的密封是用橡胶件,因此需要用水隔层进行冷却。若水漏到炉膛里时，炉膛温度很高，会引起爆炸。

(3)真空炉处理的工件，应清洗净表面油污，同时避免淬火油槽的油蒸气进入炉膛。

(4)油蒸气和空气混合后将形成爆炸气氛，一旦有明火或通电时就会产生爆炸。

(5)真空热处理炉装料后应关闭炉门，将炉膛抽成真空后，方可通电加热。

(6)真空热处理炉的发热体用低压电，但电源电压仍为 380 V，操作时仍需要安全用电。

图 7-24　扫描观看 W18Cr4V 钢制拉刀真空淬火微课

测评

1. 知识测评

请确定关键词，按重要程度进行关键词排序并举例解读。根据自己的判断给关键词赋予权重，满分 100 分(表 7-13)。

表 7-13　W18Cr4V 钢制拉刀真空热处理知识测评表

序号	关键词	举例解读	评分自定
1			
2			
3			
4			
5			

2. 技能测评

表中所列内容，操作规范即得分，操作错误或未操作即零分(表 7-14)。

表 7-14　W18Cr4V 钢制拉刀真空热处理技能测评表

	技能点	配分	得分
1	真空热处理特点	20	
2	真空淬火工艺及操作	30	
3	真空炉操作	30	
4	高速钢工具真空生产线	20	
总分		100	

3. 素质测评

表中所列素质点，做到即得分，未做到即零分(表 7-15)。

表 7-15　W18Cr4V 钢制拉刀真空热处理素质测评表

序号	素质点	配分	得分
1	学习纪律	20	
2	工具使用、摆放	20	
3	严谨认真、一丝不苟的精神	20	
4	工程意识、团队精神	20	
5	实训环境“5S”	20	
总分		100	

项目八　钢材的火花鉴定(20、45、T10 钢火花鉴定)

项目描述

通过用砂轮磨削材料,观察火花形态的方法,辨别 15 钢、45 钢、T10 钢、40Cr、65Mn、GCr15 钢等六种不同牌号的钢材。

引导语

让有品质的产品得到推崇,让有梦想的匠人受到尊重,工匠精神得以弘扬。

职业知识

1. 知晓火花的组成和名称
2. 掌握 20 钢、45 钢、T10 钢的火花特征
3. 知晓合金元素对火花特征的影响
4. 掌握 40Cr、65Mn、GCr15 钢火花特征

职业能力

1. 能够知晓火花束、流线、节点与芒线、爆花与花粉、尾花的含义
2. 能够学会砂轮机的操作
3. 能够使用砂轮机观察 20 钢、45 钢、T10 钢的火花特征
4. 能够使用砂轮机观察 40Cr、GCr15、W18Cr4V 的火花特征
5. 能够初步通过火花判断 20 钢、45 钢、T10 钢
6. 培养生产中安全意识,养成工程意识

载体

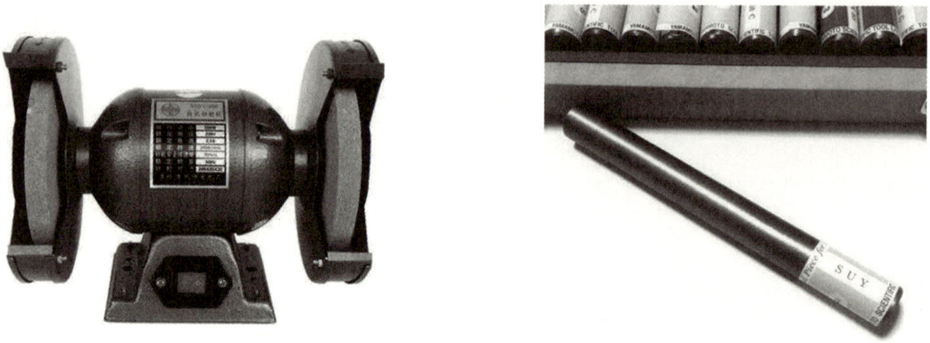

图 8-1　试验载体

任务 1　20#、45#、T10 钢火花鉴定

职业行动

步骤 1：火花的组成

火花束分为________火花、________火花和________火花三部分。

火花束由________、________、________、________、________和________所组成。

填写流线名称（图 8-2）

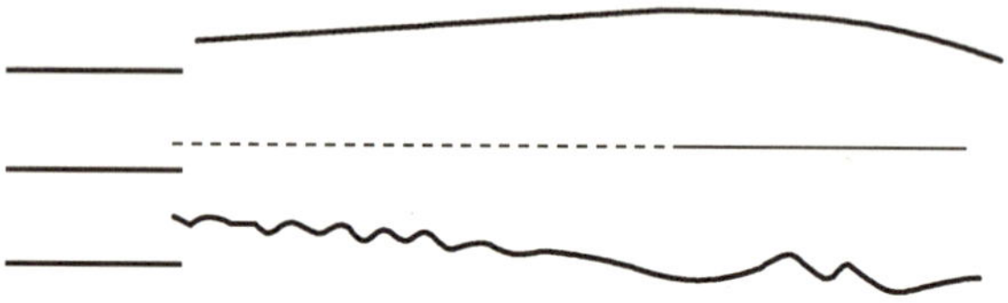

图 8-2　流线

填写分叉名称（图 8-3）

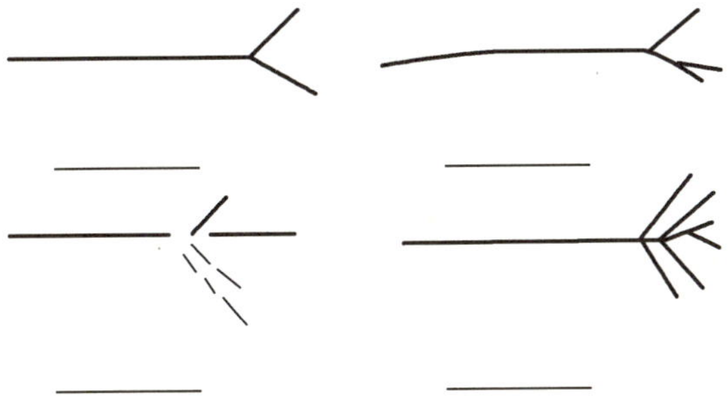

图 8-3　分叉

填写爆花名称(图 8-4)

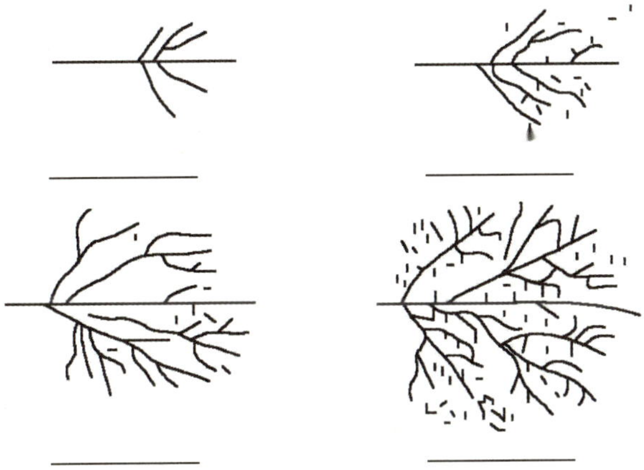

图 8-4　爆花

填写尾花名称(图 8-5)

图 8-5　尾花

评价

☆☆☆☆☆

步骤 2:火花鉴定设备

火花鉴别常用的设备为________、________;

砂轮宜采用______号普通氧化铝砂轮。

手提式砂轮直径为________,

台式砂轮直径为________,

砂轮转速一般为________________。

评价

☆☆☆☆☆

步骤3:20#、45#、T10 钢的火花特征

写出 20#、45#、T10 钢的火花特征

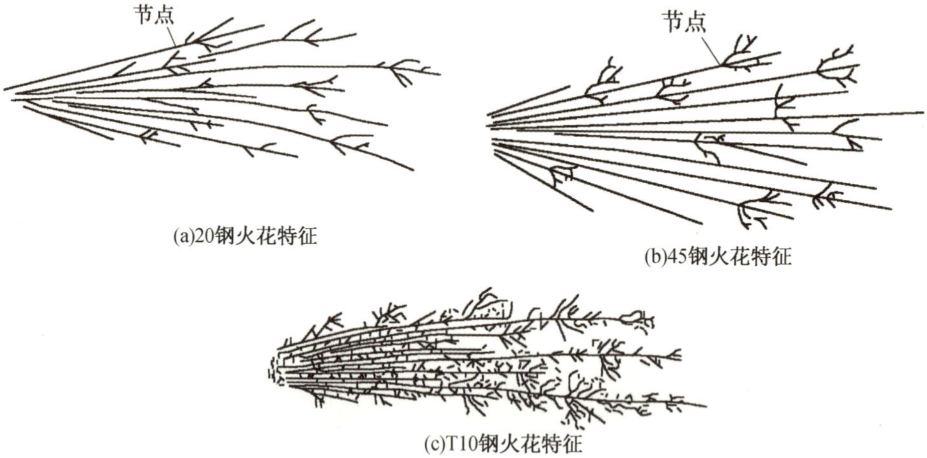

图 8-6　各类钢火花

评价

☆☆☆☆☆

步骤4:拍摄 40Cr、65Mn、GCr15 钢的火花图片

40Cr

65Mn

GCr15

写出合金元素对火花的影响

评价

☆☆☆☆☆

拓展知识:

写出火花鉴别记忆法则

评价

☆☆☆☆☆

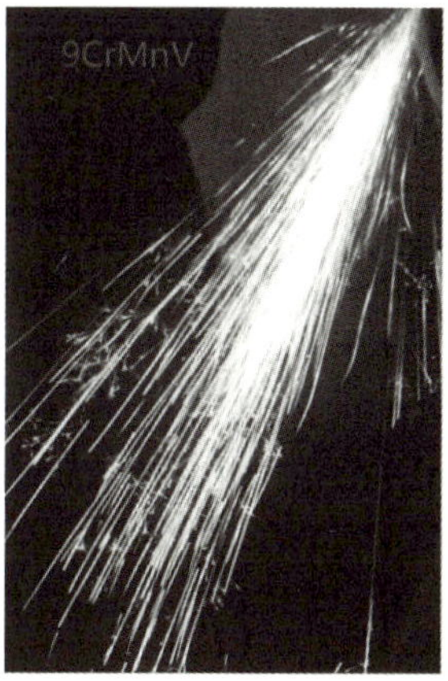

图 8-7　火花

职业知识

知识 1:火花的组成

火花鉴别法是依靠观察材料被砂轮磨削时所产生的流线、爆花及其色泽判断出钢材化学成分的一种简便方法。

1. 火花束

钢件与高速旋转的砂轮接触时产生的全部火花叫作火花束，也叫火束。火束由根部火花、中部火花和尾部火花三部分组成，如图 8-8 所示。

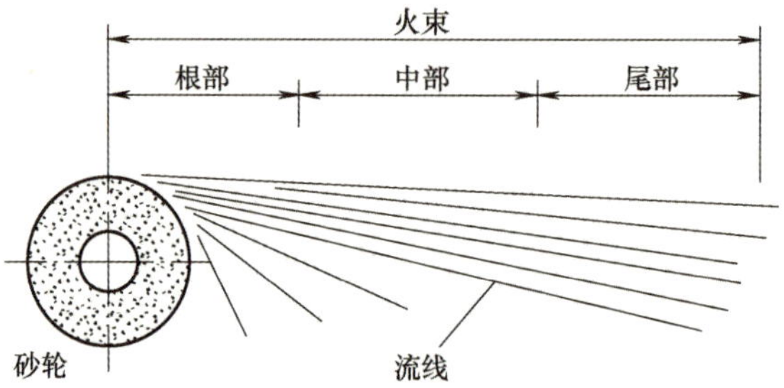

图 8-8　火束的组成

2. 流线

钢件在磨削时产生的灼热粉末在空间高速飞行时所产生的光亮轨迹，称为流线。流线分直线流线、断续流线和波纹状流线等几种，如图 8-9 所示。碳钢火束的流线均为直线流线；铬钢、钨钢、高合金钢和灰铸件的火束流线均呈断续流线；而呈波纹状的流线不常见。

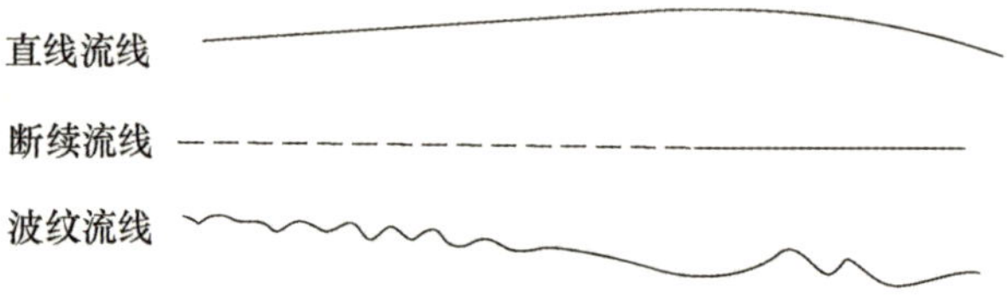

图 8-9　流线的形状

3. 节点和芒线

流线上中途爆裂而发出的明亮而稍粗的点，叫节点。火花爆裂时所产生的短流线称为芒线。因钢中含碳量的不同，芒线有二根分叉、三根分叉、四根分叉和多根分叉等几种，如图 8-10 所示。

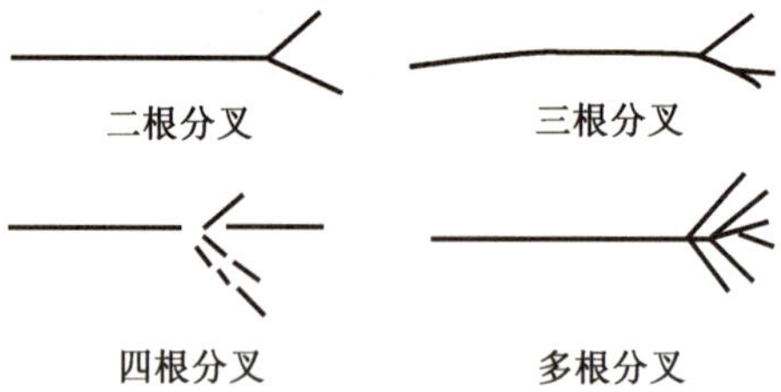

图 8-10　芒线的形式

4. 爆花与花粉

在流线或芒线中途发生爆裂所形成的火花形状称为爆花，由节点和芒线组成。只有一次爆裂芒线的爆花称为一次花，在一次花的芒线上再次发生爆裂而产生的爆花称为二次花,以此类推,有三次花、多次花等,如图 8-11 所示。分散在爆花之间和流线附近的小亮点称为花粉。出现花粉为高碳钢的火花特征。

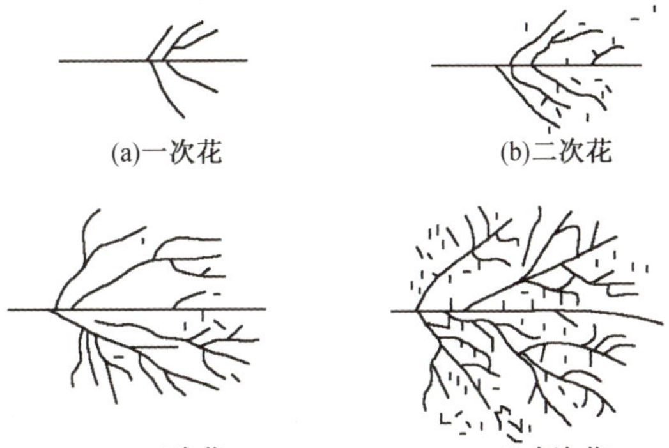

(a)一次花　(b)二次花　(c)三次花　(d)多次花

图 8-11　爆花的形式

5. 尾花

流线末端的火花,称为尾花。常见的尾花有两种形状:狐尾尾花和枪尖尾花,如图 8-12 所示。根据尾花可判断出所含合金元素的种类,狐尾尾花说明钢中含有钨元素,枪尖尾花说明钢中含有钼元素。

(a)狐尾尾花　(b)枪尖尾花

图 8-12　尾花的形状

6. 色泽

整个火束或某部分的火束的颜色,称为色泽。

知识 2:火花鉴定设备

火花鉴别常用的设备为手提式砂轮机或台式砂轮机,砂轮宜采用 46~60 号普通氧化铝砂轮。手提式砂轮直径为 100~150 mm,台式砂轮直径为 200~250 mm,砂轮转速一般为 2 800~4 000 r/min。

在火花鉴别时,最好应备有各种牌号的标准钢样以帮助对比、判断。操作时应选在光线不太亮的场合进行,最好放在暗处,以免强光使火花色泽及清晰度的判别受到影响。操作时使火花向略高于水平方向射出,以便观察火花流线的长度和各部位的火花形状特征。施加的压力要适中,施加较大压力时应着重观察钢材的含碳量;施加较小压力时应着重观察材料的合金元素。

知识 3:20#、45#、T10 的火花特征

1. 20 钢的火花特征

20 钢的火花特征是火束呈草黄微红色,流线长,节点清晰,爆花数量不多,如图 8-13 所示。

2. 45 钢的火花特征

45 钢的火花特征是火花束色黄而稍明,流线较多且细,挺直,节点清晰,爆花多为多根分叉三次花,花数占全体的 3/5 以上,有很多小花及花粉产生,如图 8-14 所示。

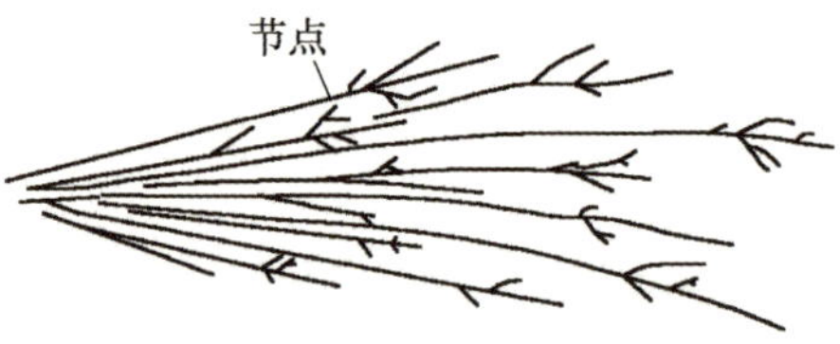

图 8-13　20 钢的火花特征

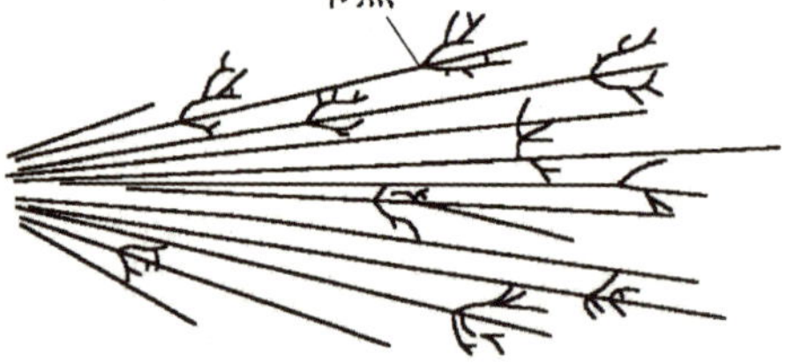

图 8-14　45 钢的火花特征

3. T10 钢的火花特征

T10 钢的火花特征是火花束为橙红微暗,流线短且直,节花多且较密集,如图 8-15 所示。

4. 高速钢 W18Cr4V 的火花特征

高速钢 W18Cr4V 的火花特征是火花色泽赤橙,近暗红,流线长而稀,并有断续状流线,火花呈狐尾状,几乎无节花爆裂,如图 8-16 所示。

图 8-15　T10 钢的火花特征

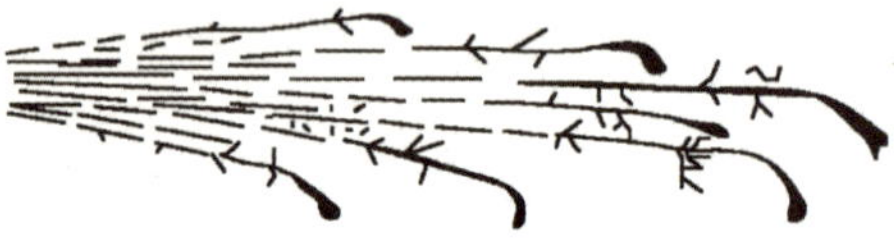

图 8-16　W18Cr4V 钢的火花特征

知识 4:碳素钢的火花特征

碳钢中火花爆裂情况随含碳量的增加而分叉增多,且形成二次花、三次花甚至更复杂。火花爆裂的大小随含碳量的增加而增大,含碳量在 0.5%左右时最大,火花爆裂数量由少到多,花粉增多,如图 8-17 所示。

碳钢的火花特征变化规律见表 8-1。

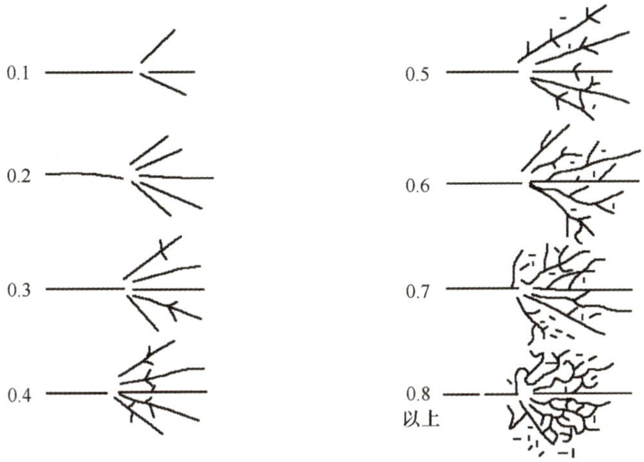

图 8-17　含碳量与火花特征

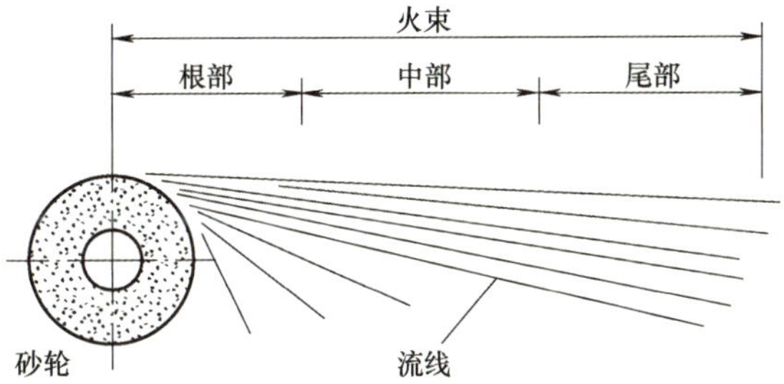

图 8-18　扫描观看碳素钢火花特征实训视频

表 8-1　碳钢的火花特征

W_c/%	流线					爆花				磨砂轮时手的感觉
	颜色	亮度	长度	粗细	数量	形状	大小	花粉	数量	
0						无爆花				
0.05	亮黄	暗	长	粗	少	二根分叉	小	无	少	软
0.1	↓	↓	↓	↓	↓	三根分叉	↓	无	↓	↓
0.2	↓	↓	↓	↓	↓	多根分叉	↓	无	↓	↓
0.3	↓	↓	↓	↓	↓	二次花多分叉	↓	微量	↓	↓
0.4	↓	↓	↓	↓	↓	三次花多分叉	↓	稍多	↓	↓
0.5	↓	↓	↓	↓	↓	↓	↓	↓	↓	↓
0.6	↓	亮	长	粗	↓	↓	大	↓	↓	↓
0.7	↓	↓	↓	↓	↓	↓	↓	↓	↓	↓
0.8	黄橙	暗	短	细	多	↓	↓	↓	↓	硬
>0.8						复杂	小	多量	多	

知识 5:合金钢的火花特征

图 8-19　扫描观看合金钢火花特征实训视频

合金钢的火花特征与其含有的合金元素有关。一般情况下,镍、硅、钼、钨等元素抑制火花爆裂,而锰、钒铬等元素却可助长火花爆裂。所以对合金钢的鉴别难掌握。

一般铬钢的火花束白亮,流线稍粗而长,爆裂多为一次花、花型较大,呈大星形,分叉多而细,附有碎花粉,爆裂的火花心较明亮。

镍铬不锈钢的火花束细,发光较暗,爆裂为一次花,五、六根分叉,呈星形,尖端微有爆裂。

高速钢火花束细长,流线数量少,无火花爆裂,色泽呈暗红色,根部和中部为断续流线,尾花呈弧状。

拓展知识

火花鉴定记忆法则

一叉碳少两叉中,
三叉出现超60(60钢)
50(50钢)流线长而亮,
稍有花粉伴其中。